ifaa-Edition

Reihe herausgegeben von
ifaa – Institut für angewandte Arbeitswissenschaft e. V., ifaa – Institut für angewandte Arbeitswissenschaft e. V., Düsseldorf, Deutschland

Die ifaa-Taschenbuchreihe behandelt Themen der Arbeitswissenschaft und Betriebsorganisation mit hoher Aktualität und betrieblicher Relevanz. Sie präsentiert praxisgerechte Handlungshilfen, Tools sowie richtungsweisende Studien, gerade auch für kleine und mittelständische Unternehmen. Die ifaa-Bücher richten sich an Fach- und Führungskräfte in Unternehmen, Arbeitgeberverbände der Metall- und Elektroindustrie und Wissenschaftler.

Weitere Bände in der Reihe http://www.springer.com/series/13343

ifaa – Institut für angewandte Arbeitswissenschaft
e. V.
(Hrsg.)

Ganzheitliche Gestaltung mobiler Arbeit

Hrsg.
ifaa – Institut für angewandte Arbeitswissenschaft
e. V., ifaa – Institut für angewandte
Arbeitswissenschaft e. V., Düsseldorf,
Deutschland

ISSN 2364-6896 ISSN 2364-690X (electronic)
ifaa-Edition
ISBN 978-3-662-61976-6 ISBN 978-3-662-61977-3 (eBook)
https://doi.org/10.1007/978-3-662-61977-3

Die Deutsche Nationalbibliothek verzeichnet diese Publikation in der Deutschen Nationalbibliografie; detaillierte bibliografische Daten sind im Internet über http://dnb.d-nb.de abrufbar.

Planung/Lektorat: Alexander Gruen
Springer Vieweg ist ein Imprint der eingetragenen Gesellschaft Springer-Verlag GmbH, DE und ist ein Teil von Springer Nature.
Die Anschrift der Gesellschaft ist: Heidelberger Platz 3, 14197 Berlin, Germany

Vorwort

Liebe Leserinnen und Leser,
die aktuelle Situation unter dem Einfluss der Corona-Pandemie hat deutlich gemacht, dass sich orts- und zeitflexible Arbeit zu einer der wichtigsten Formen der Zusammenarbeit entwickelt hat. Es ist nach heutigem Kenntnisstand davon auszugehen, dass auch in Zukunft der Anteil der Beschäftigten, die orts- und zeitflexibel arbeiten werden, dauerhaft auf einem höheren Niveau bleiben wird als in den Jahren zuvor. Immer mehr Beschäftigte wollen ihren Arbeitsort, ihre Arbeitszeit und ihre Arbeitsaufgaben selbstständig organisieren und somit das Arbeits- und Privatleben besser miteinander vereinbaren. Es ist zu erwarten, dass orts- und zeitflexible Arbeit immer mehr zum Normalfall für einen großen Teil der Beschäftigten wird.

Viele Unternehmen und Beschäftigte haben bereits erkannt, dass die Einführung und Umsetzung von mobilen Arbeitskonzepten auch auf Dauer zum Erfolg führen können, wenn geeignete betriebliche Rahmenbedingungen vorhanden sind. Die Schaffung entsprechender Rahmenbedingungen sind besonders für die Arbeitsform der mobilen Arbeit wichtig, da hierbei die Verzahnung der gesellschaftlichen, wirtschaftlichen und rechtlichen Handlungsfelder besonders deutlich wird. Dazu zählen unter anderem flexible Arbeitszeitgestaltung, Arbeits- und Gesundheitsschutz, Datensicherheit und Datenschutz, sichere und schnellere technische Infrastrukturen, Arbeitsorganisation und häusliche Arbeitsumgebung.

In diesem Buch wird das vom ifaa entwickelte Rahmenkonzept zur Gestaltung ganzheitlicher, mobiler Arbeit vorgestellt. Dieses berücksichtigt neben den technischen, rechtlichen und organisatorischen Handlungsfeldern auch die Anforderungen an eine entsprechende Unternehmenskultur, die Führung und Kompetenzentwicklung der Beschäftigten. Durch praxiserprobte Tools und Hilfestellungen unterstützt es Betriebe bei der Einführung von mobiler Arbeit.

Wir wünschen Ihnen eine gute Lektüre.

Herzlichst Ihr

Prof. Dr.-Ing. Sascha Stowasser
Direktor des ifaa – Institut für angewandte Arbeitswissenschaft e. V.

Über dieses Buch

Orts- und zeitflexible Arbeitsformen gewinnen an Bedeutung – sei es durch die generelle und zuverlässige Verfügbarkeit von Informations- und Kommunikationstechnologien, die zunehmende Digitalisierung oder aufgrund unerwarteter Einflüsse, wie ganz aktuell durch die Corona-Pandemie. Zeitliche und räumliche Flexibilität ermöglicht es den Beschäftigten, für dienstliche Belange zu unterschiedlichen Zeitpunkten und an unterschiedlichen Orten „mobil" zu arbeiten. Diese neue Art der Flexibilität wird auch von vielen Unternehmen unterstützt.

Was mobile Arbeit genau bedeutet

Unter mobiler Arbeit wird eine auf Informations- und Kommunikationstechnik gestützte Arbeits form verstanden, die an unterschiedlichen Orten zu unterschiedlichen Zeiten stattfindet. Mobile Arbeit liegt vor, wenn die Beschäftigten neben ihren betrieblichen Arbeitsplätzen auch an anderen, nicht vorgeschriebenen, Orten arbeiten. Der Arbeitnehmer muss nicht notwendigerweise von zu Hause aus arbeiten, kann dies aber tun.

Mobile Arbeit kann alle zwischen Arbeitgeber und Arbeitnehmer vereinbarten Tätigkeiten umfassen, die zeitweise oder regelmäßig auch außerhalb der Betriebsstätten an unterschiedlichen Orten erledigt werden können (ifaa 2019, S. 12 f.).

Weitgehend Konsens besteht darüber, dass der technologische Fortschritt mit neuen mobilen Endgeräten eine „neue" Art der Arbeit hervorbringt, die die Formen mobiler Arbeit erweitert sowie weiteren Beschäftigtengruppen ermöglicht, durch die Auflösung der Bindung an einen festen/konstanten Arbeitsort an unterschiedlichen Orten zu flexiblen Zeiten zu arbeiten. Zwar setzt sie nicht zwangsläufig die Nutzung mobiler Endgeräte voraus, aber mit neuen mobilen Endgeräten gewinnt sie eine neue Dimension, mit der die Formen orts- und zeitflexibler Arbeit erweitert werden.

Mit mobiler Arbeit wird die klassische Arbeitszeitgestaltung neben Dauer, Verteilung und Lage der Arbeitszeit um eine Dimension erweitert: den „Arbeitsort". Die Veränderungen in unserer Arbeitswelt erfordern zunehmend eine Berücksichtigung eines flexiblen Arbeitsortes, auch außerhalb der Betriebsgrenzen.

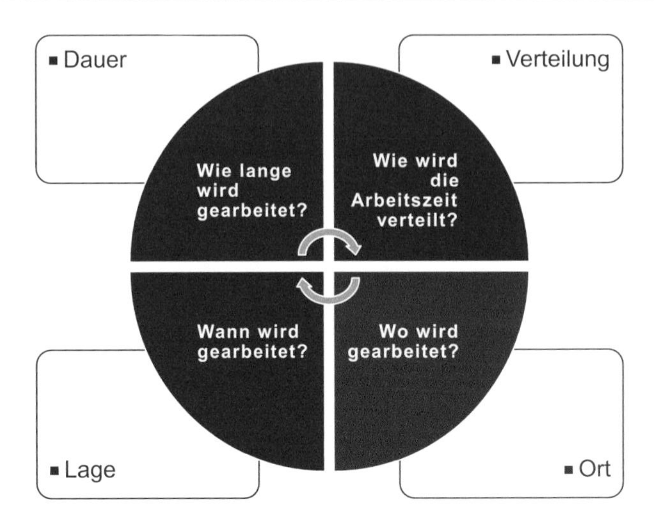

Die vier Dimensionen der mobilen Arbeit (eigene Darstellung)

Mobile Arbeit sollte von der sogenannten Telearbeit bzw. dem Homeoffice abgegrenzt werden. Zwar werden die beiden Begriffe oft synonym verwendet, jedoch ist mobile Arbeit im Gegensatz zu Telearbeit gesetzlich nicht definiert. Zudem wird der Begriff Homeoffice breiter genutzt und faktisch oft auch für mobiles Arbeiten von zu Hause aus verwendet.

Die Unterschiede in den Begrifflichkeiten bzgl. der Telearbeit erläutert die folgende Übersicht:

- Telearbeit: Telearbeit ist jede auf Informations- und Kommunikationstechnik gestützte Tätigkeit, die ausschließlich oder zeitweise an einem außerhalb der Betriebsstätte liegenden Arbeitsplatz verrichtet wird. Dieser Arbeitsplatz ist mit der Betriebsstätte durch elektronische Kommunikationsmittel verbunden.
- Heimbasierte Telearbeit: Bei der heimbasierten Telearbeit arbeiten die Beschäftigten ausschließlich von zu Hause aus. Dort haben sie ihren Arbeitsplatz mit einem internetverbundenen Computer, über den eine Verbindung zum Arbeitgeber und dem Firmennetz hergestellt werden kann.
- Alternierende Telearbeit: Bei dieser Form der Telearbeit arbeiten die Beschäftigten sowohl am Arbeitsplatz im Betrieb als auch in ihrer eigenen Wohnung, wobei sie zwischen diesen Arbeitsplätzen hin- und herwechseln. Es bedarf genauer Absprachen, zu welchen Zeiten gearbeitet wird und wann die Präsenz an welchem Arbeitsplatz erforderlich ist.
- Homeoffice: Homeoffice ist eine flexible Arbeitsform, bei der die Beschäftigten ihre Arbeit vollumfänglich oder teilweise aus dem privaten Umfeld heraus ausführen. Für mobiles Arbeiten von zu Hause aus, wie auch für einen heimischen Telearbeitsplatz, wird der Begriff häufig synonym verwendet.

Sowohl Beschäftigte als auch Unternehmen verbinden mit mobiler Arbeit verschiedene Vorteile

Während Beschäftigte durch mobile Arbeit Vorteile für die Bereiche Lebensqualität, Gesundheit sowie die Vereinbarkeit von Beruf und Privatleben erwarten, sehen Unternehmen Verbesserungen im Hinblick auf die Abarbeitung von Kundenanforderungen, eine schnellere Reaktion auf volatile Märkte und einen optimierten Ressourceneinsatz sowie höhere Rekrutierungserfolge durch eine verbesserte Arbeitgeberattraktivität.

Neben den Vorteilen sollten aber auch potenzielle Stolperfallen berücksichtigt werden, die mit der Einführung orts- und zeitflexibler Arbeit einhergehen können. Fragen in diesem Zusammenhang können beispielsweise lauten: Wie kann mit möglichen Vorbehalten von Beschäftigten umgegangen werden? Wie sollte die Kommunikation gestaltet werden, dass alle Beteiligten nicht nur frühzeitig eingebunden werden, sondern auch die jeweiligen Erwartungshaltungen an das Thema geklärt sind? Welche organisatorischen, technischen und rechtlichen Überlegungen sollten im Vorfeld getroffen werden? Wie ist das Thema Arbeits- und Gesundheitsschutz einzubinden? Welche Kompetenzen sollten Führungskräfte und Beschäftigte mitbringen oder sich aneignen, wenn es um mobile Arbeit geht? Wie verändert sich die Zusammenarbeit bei verstärkter mobiler Arbeit?

Zielgruppe des Buches

Das vorliegende Buch ist an betriebliche Akteure mit dem Ziel adressiert, für die strukturierte und erfolgreiche Einführung von mobiler Arbeit praxisrelevante Informationen und Handlungsempfehlungen bereitzustellen. Dabei werden auch Aspekte und Themen berücksichtigt, die auf den ersten Blick vielleicht nicht im Fokus bei der Auseinandersetzung mit mobiler Arbeit stehen. Wenn es aber um die ganzheitliche Betrachtung dieses Themas geht, ist genau dieser „Blick über den Tellerrand" wichtig.

Aufbau des vorliegenden Buches

Dieses Buch ist in zwei Bereiche gegliedert. In Teil eins werden jene Themen behandelt, die für ganzheitliches mobiles Arbeiten essenziell sind: Arbeits- und Gesundheitsschutz, Arbeitszeitgestaltung, Technik sowie Mensch (Führungskräfte und Beschäftigte).

In den Kapiteln werden die jeweilig relevanten rechtlichen Grundlagen sowie generelle Informationen bereitgestellt, die in konkrete Handlungsempfehlungen für die praktische Arbeit münden.

In Teil zwei wird das Konzept der ganzheitlichen mobilen Arbeit des ifaa vorgestellt, das den Rahmen für die Einführung orts- und zeitflexibler Arbeit bildet. Anhand von vier Schritten können betriebliche Akteure das Thema mobile Arbeit für ihre spezifische Situation angehen, indem zunächst Wissen generiert und für die Beteiligten vereinheitlicht wird. Anschließend werden wesentliche Handlungsfelder festgelegt und bearbeitet. Danach erfolgt die Maßnahmenformulierung, damit im letzten Schritt die Maßnahmen umgesetzt und evaluiert werden. Den Abschluss des zweiten Teils bildet die Darstellung beispielhaften Vorgehens anhand der vier Checklisten des ifaa, die die wesentlichen Handlungsfelder für die Einführung ganzheitlicher mobiler Arbeit abbilden.

Da der Aspekt der „Organisation" für alle Oberthemen Bedeutung hat, wird er als Querschnittsthema verstanden und findet in den jeweiligen Kapiteln Berücksichtigung.

Literatur

ifaa – Institut für angewandte Arbeitswissenschaft e. V. (2019) Gutachten zur Mobilen Arbeit. Erstellt im Auftrag der Bundestagsfraktion der Freien Demokratischen Partei (FDP). Düsseldorf

Inhaltsverzeichnis

Autorenverzeichnis

Dr. rer. pol. Ufuk Altun ifaa – Institut für angewandte Arbeitswissenschaft e. V., Düsseldorf, Deutschland

Dipl.-Arb.-Wiss. Veit Hartmann ifaa – Institut für angewandte Arbeitswissenschaft e. V., Düsseldorf, Deutschland

Dr. rer. pol. Stephan Sandrock ifaa – Institut für angewandte Arbeitswissenschaft e. V., Düsseldorf, Deutschland

Nora Johanna Schüth ifaa – Institut für angewandte Arbeitswissenschaft e. V., Düsseldorf, Deutschland

Dr. phil. Catharina Stahn ifaa – Institut für angewandte Arbeitswissenschaft e. V., Düsseldorf, Deutschland

Teil I

Theorie

1 Arbeits- und Gesundheitsschutz bei mobiler Arbeit

Stephan Sandrock und Catharina Stahn

Inhaltsverzeichnis

Wie auch bei der Arbeit im Unternehmen sind bei mobiler Arbeit einige Aspekte des Arbeitsschutzes zu berücksichtigen. Im Folgenden werden daher grundlegende Bereiche beschrieben, die eine wichtige Rolle spielen. Da der Einflussbereich des Arbeitgebers außerhalb des Betriebsgeländes sicherlich geringer sein wird als innerhalb, kommt bei mobiler Arbeit der Eigenverantwortung der Beschäftigten hinsichtlich arbeitsschutzrelevanter Aspekte eine größere Rolle zu. Neben der Berücksichtigung arbeitszeitrechtlicher Aspekte (s. dazu Kap. 2 in diesem Buch) sind bei mobiler Arbeit folgende Aspekte des Arbeits- und Gesundheitsschutzes zu beachten: So gehört nach dem Arbeitsschutzgesetz (ArbSchG) zu den Grundpflichten eines Arbeitgebers, die erforderlichen Maßnahmen des Arbeitsschutzes unter Berücksichtigung der Umstände zu treffen, die Sicherheit und Gesundheit der Beschäftigten bei der Arbeit beeinflussen.

Vorgaben zum Arbeitsschutz enthalten insbesondere das Arbeitsschutzgesetz (ArbSchG), das Arbeitszeitgesetz (ArbZG), die Arbeitsstättenverordnung (ArbStättV), die Betriebssicherheitsverordnung (BetrSichV) sowie weitere Arbeitsschutz- und Präventionsverordnungen, beispielsweise auch der nichtstaatlichen Regelsetzung der Deutschen Gesetzlichen Unfallversicherung (DGUV). Grundlegende Verpflichtungen ergeben sich auch aus der allgemeinen Fürsorgepflicht des Arbeitgebers (vgl. § 618 BGB).

Im Kapitel werden Verpflichtungen des Arbeitgebers benannt, die sich aus den relevanten Regularien ergeben. Ferner werden die Bereiche psychische Belastung und Ergonomie bei mobiler Arbeit näher betrachtet.

S. Sandrock (✉) · C. Stahn (✉)
ifaa – Institut für angewandte Arbeitswissenschaft e. V., Düsseldorf, Deutschland
E-Mail: s.sandrock@ifaa-mail.de

C. Stahn
E-Mail: c.stahn@ifaa-mail.de

1.1 Verpflichtungen aus Arbeitsschutzgesetz und Verordnung zur arbeitsmedizinischen Vorsorge

Das Arbeitsschutzgesetz (ArbSchG) gilt nicht nur im Betrieb, sondern auch uneingeschränkt bei der Arbeit außerhalb des Betriebs (also bei der Telearbeit und bei der mobilen Arbeit). Ferner ist auch die Verordnung zur arbeitsmedizinischen Vorsorge (ArbMedVV) zu beachten. Im Folgenden werden wesentliche Bereiche genannt, auf die der Arbeitgeber achten muss.

1.1.1 Gefährdungsbeurteilung

Zentrales Element des Arbeitsschutzes ist die sogenannte Gefährdungsbeurteilung (§ 5 ArbSchG). Der Arbeitgeber muss dabei durch eine Beurteilung der für die Beschäftigten mit ihrer Arbeit verbundenen Gefährdungen ermitteln, ob Maßnahmen des Arbeitsschutzes erforderlich sind. Ferner hat der Arbeitgeber die Maßnahmen auf ihre Wirksamkeit zu überprüfen und erforderlichenfalls den sich ändernden Gegebenheiten anzupassen. Dabei hat er eine Verbesserung von Sicherheit und Gesundheitsschutz der Beschäftigten anzustreben (§ 3 Abs. 1 ArbSchG). Er hat die Arbeit insbesondere so zu gestalten, dass eine Gefährdung für Leben und Gesundheit möglichst vermieden und die verbleibende Gefährdung möglichst gering gehalten wird.

ifaa – Institut für angewandte Arbeitswissenschaft e. V. (Hrsg.), *Ganzheitliche Gestaltung mobiler Arbeit*, ifaa-Edition,
https://doi.org/10.1007/978-3-662-61977-3_1

Nach § 5 Abs. 3 ArbSchG kann sich eine Gefährdung insbesondere ergeben durch

1. die Gestaltung und die Einrichtung der Arbeitsstätte und des Arbeitsplatzes,
2. physikalische, chemische und biologische Einwirkungen,
3. die Gestaltung, die Auswahl und den Einsatz von Arbeitsmitteln, insbesondere von Arbeitsstoffen, Maschinen, Geräten und Anlagen sowie den Umgang damit,
4. die Gestaltung von Arbeits- und Fertigungsverfahren, Arbeitsabläufen und Arbeitszeit und deren Zusammenwirken,
5. unzureichende Qualifikation und Unterweisung der Beschäftigten,
6. psychische Belastungen bei der Arbeit.

Da der Arbeitgeber konkrete Situationen nicht antizipieren kann, ist es denkbar, die Gefährdungsbeurteilung abstrakt für Situationen durchzuführen, die im Rahmen der mobilen Arbeit auftreten können. Daraus lassen sich auch entsprechende Verhaltensregeln für die Beschäftigten ableiten.

Der Arbeitgeber unterliegt einer Dokumentationspflicht nach § 6 ArbSchG. Danach hat er über die je nach Art der Tätigkeiten und der Zahl der Beschäftigten erforderlichen Unterlagen zu verfügen. Daraus muss mindestens hervorgehen:

- das Ergebnis der Gefährdungsbeurteilung
- die festgelegten Maßnahmen des Arbeitsschutzes
- das Ergebnis der Wirksamkeitsüberprüfung

Weitere Hinweise zur Durchführung der Gefährdungsbeurteilung finden sich zum Beispiel bei ifaa (2017).

1.1.2 Unterweisung

Der Arbeitgeber muss die (in Telearbeit bzw. mobil arbeitenden) Beschäftigten nach § 12 ArbSchG unterweisen. Dies beinhaltet beispielsweise auch Hinweise zum ergonomischen Einstellen und Verwenden bereitgestellter Arbeitsmittel (s. Abschn. 1.2 in diesem Buch). Die Beschäftigten müssen wissen, welche Gefährdungen an ihrem Arbeitsplatz vorhanden sind und wie sie sich wirksam vor ihnen schützen können. In Unterweisungen wird ihnen daher erläutert, wie und warum sie sich sicherheitsgerecht und gesundheitsbewusst verhalten müssen (vgl. auch ifaa 2017).

Dem verhaltensbezogenen Arbeitsschutz kommt in mobilen Arbeitsformen sicher eine weitaus größere Rolle zu als in klassischen Arbeitsformen in einem Unternehmen.

▶ Tipp
Verhältnisbezogene Aspekte des Arbeitsschutzes beinhalten in der Regel die Dimensionen Vermeidung bzw. Beseitigung von Gefahrenquellen, sicherheitstechnische und organisatorische Maßnahmen.

Verhaltensbezogene Maßnahmen des Arbeits- und Gesundheitsschutzes adressieren die Aspekte Wissen, Können und Wollen der Beschäftigten sowie deren individuelle Leistungsvoraussetzungen. Durch verhaltensbezogene Maßnahmen können die Beschäftigten möglichen Gefährdungen begegnen und sich entsprechend verhalten, um keine Gesundheitsschäden zu erleiden.

In der Regel ist die Unterweisung eine Aufgabe der Führungskräfte. Diese müssen ihre Beschäftigten gemäß § 12 ArbSchG während deren Arbeitszeit ausreichend und angemessen über Gefährdungen am Arbeitsplatz und über die notwendigen Schutzmaßnahmen unterweisen. Ziel ist es, ein sicherheits- und gesundheitsgerechtes Verhalten der Beschäftigten zu erreichen und zu erhalten. In diesem Rahmen ist zu empfehlen, die Beschäftigten auch über die zu beachtenden Arbeitszeitbeschränkungen zu unterrichten. Zu beachten ist, dass die Unterweisung an die Gefährdungsbeurteilung angepasst ist und regelmäßig, mindestens jedoch einmal im Jahr, zu wiederholen ist. Die Unterweisung muss grundsätzlich vor Aufnahme einer Tätigkeit erfolgen.

1.1.3 Pflichten der Beschäftigten

Auch die Beschäftigten haben im Rahmen des Arbeitsschutzes Pflichten, die im Folgenden skizziert werden. Nach § 15 ArbSchG sind Beschäftigte dazu verpflichtet, nach ihren Möglichkeiten sowie gemäß der Unterweisung und Weisung des Arbeitgebers für ihre Sicherheit und Gesundheit am Arbeitsplatz zu sorgen. Damit wird den Beschäftigten eine generelle Verantwortung für die eigene Vorsorge übertragen (Koll et al. 2015). Dahinter stehen aus Sicht der Autoren die Annahmen, dass zum Beispiel Schutzvorkehrungen nur dann wirksam sein können, wenn Beschäftigte sich sicherheitsgerecht verhalten, und sich auch weiterhin selbst bewusst um Sicherheit und Gesundheitsschutz bei der Arbeit kümmern. Dabei ist allerdings zu berücksichtigen, dass der Passus „nach ihren Möglichkeiten" nahelegt, dass die Beschäftigten geistig und körperlich befähigt sein müssen, sich um die Eigenvorsorge zu kümmern. Es ist Aufgabe des Arbeitgebers, dies zu überprüfen. Gerade beim Einsatz mobiler Arbeit trifft die Beschäftigten eine erhöhte Verantwortung nach § 15 Abs. 1 ArbSchG, selbst auf die Einhaltung der Arbeits- und Gesundheitsvorschriften zu achten, da sie den überwiegenden Teil der Umstände ihrer Arbeit selbst bestimmen und die Arbeit außerhalb des arbeitgebereigenen „Herrschaftsbereichs" verrichtet wird. Gerade beim Einsatz mobiler Arbeit sollte der Arbeitgeber also sicherstellen, dass der Beschäftigte befähigt ist, zum Beispiel seine Arbeitsmittel ergonomisch einzustellen und zu bedienen.

Exkurs: Arbeitsstättenverordnung

Die Arbeitsstättenverordnung dient der Sicherheit und dem Schutz der Gesundheit der Beschäftigten beim Einrichten und Betreiben von Arbeitsstätten. Mobile Arbeit fällt im Gegensatz zu Telearbeit grundsätzlich nicht unter die Arbeitsstättenverordnung. Da hier die Arbeit ohne Bindung an einen fest eingerichteten Arbeitsplatz erfolgt und auch nicht an sonstigen Arbeitsstätten stattfindet, wie sie § 2 Abs. 2 und Abs. 3 ArbStättV auflisten, handelt es sich bei mobilem Arbeiten nicht um Telearbeit im Sinne der ArbStättV. Dies wird auch durch die Verordnungsbegründung der ArbStättV deutlich (s. S. 28 der Begründung):

> „[...] „Mobiles Arbeiten" (gelegentliches Arbeiten von zuhause aus oder während der Reisetätigkeit, Abrufen von Emails nach Feierabend außerhalb des Unternehmens, Arbeit zuhause ohne eingerichteten Bildschirmarbeitsplatz usw.) unterliegt nicht der ArbStättV; es handelt sich dabei nicht um Telearbeit im Sinne der Verordnung. Mobiles Arbeiten ist vielmehr ein Arbeitsmodell, das den Beschäftigten neben der Tätigkeit im Büro noch Arbeiten außerhalb der regulären Arbeitszeit zuhause oder unterwegs ermöglicht (ständige Zugangsmöglichkeit über Kommunikationsmittel zum Unternehmen/Betrieb)."

Für Telearbeitsplätze im Sinne des § 2 Abs. 7 ArbStättV gilt die Arbeitsstättenverordnung. Diese enthält auch Anforderungen an die Gestaltung von Bildschirmarbeitsplätzen sowie an die Verwendung von Bildschirmgeräten. Das betrifft nicht nur stationäre Computer, sondern auch Notebooks, Tablets und Smartphones. Da der Arbeitgeber nur begrenzte Rechte und Möglichkeiten hat, die Arbeitsumgebung im Privatbereich der Beschäftigten zu beeinflussen, ist der Anwendungsbereich der Arbeitsstättenverordnung in Bezug auf Telearbeitsplätze im Wesentlichen auf Anforderungen für Bildschirmarbeitsplätze beschränkt. Dabei steht die Einrichtung und Ausstattung des Bildschirmarbeitsplatzes mit Mobiliar, sonstigen Arbeitsmitteln und Kommunikationsgeräten im Vordergrund. Ferner sind die Gefährdungsbeurteilung (§ 3 ArbStättV) und die Unterweisung (§ 6 ArbStättV) zu berücksichtigen. Zur juristischen Einordnung wird an dieser Stelle auf NORDMETALL (2020) verwiesen.

1.1.4 Verordnung zur arbeitsmedizinischen Vorsorge

Für Telearbeit wie auch für mobiles Arbeiten gilt, dass der Arbeitgeber im Geltungsbereich des Arbeitsschutzgesetzes insbesondere dazu angehalten ist, gemäß § 5 Nr. 1 der Verordnung zur arbeitsmedizinischen Vorsorge (ArbMedVV) dem Arbeitnehmer vor Aufnahme der Tätigkeit Angebote zur arbeitsmedizinischen Vorsorge zu machen.

Nach Teil 4 des Anhangs zur ArbMedVV enthält die Angebotsvorsorge bei Bildschirmarbeit das Angebot auf eine **angemessene Untersuchung der Augen und des Sehvermögens.** Erweist sich aufgrund der Angebotsvorsorge eine augenärztliche Untersuchung als erforderlich, so ist diese zu ermöglichen. Erhält der Arbeitgeber Kenntnis von einer Erkrankung, die im ursächlichen Zusammenhang mit der Tätigkeit der Beschäftigten stehen kann, so muss er unverzüglich eine Angebotsvorsorge anbieten. Dies gilt entsprechend für Sehbeschwerden. Ergibt die Untersuchung, dass eine Bildschirmarbeitsbrille für die weitere Telearbeit/mobile Arbeit notwendig ist und die Beschwerden nicht durch eine normale Sehhilfe (z. B. schon vorhandene Lesebrille) ausgeglichen werden können, hat der Arbeitgeber dem Beschäftigten eine solche unter Übernahme der Kosten ebenso zur Verfügung zu stellen. Auch wenn der Beschäftigte das Angebot der Vorsorgeuntersuchung ablehnen sollte, muss der Arbeitgeber diesem weiterhin Angebote zur Folgevorsorge machen.

1.2 Ergonomie

Maßnahmen des Arbeitsschutzes beinhalten neben der Vermeidung von Unfällen und arbeitsbedingten Gesundheitsgefahren auch Maßnahmen der menschengerechten Arbeitsgestaltung, also Maßnahmen der Ergonomie.

Neben der Auswahl und dem Einsatz von ergonomisch gestalteten Arbeitsmitteln kommt dem ergonomischen Verhalten der Beschäftigten bei mobiler Arbeit vermutlich eine etwas höhere Rolle zu als bei stationärer Arbeit, womit entsprechend auch die Unterweisung zu sicherem und gesundheitsgerechten Verhalten wichtig wird.

Anforderungen an Arbeitsmittel hängen in der Regel von der auszuführenden Aufgabe ab. Ist beispielsweise im Rahmen von mobiler Bildschirmarbeit das gelegentliche Lesen von kurzen E-Mails oder das Beantworten von Textnachrichten auf dem Smartphone nicht gesundheitsschädlich, so verlangt zum Beispiel eine intensive Bearbeitung einer Tabellenkalkulation oder einer PowerPoint-Präsentation ein größeres Display, um eine übermäßige Belastung der Augen zu vermeiden.

Es ist daher sinnvoll, bereits bei der Beschaffung von mobilen Arbeitsmitteln über die Nutzung nachzudenken, denn die Ausstattung und Art des Notebooks (Rechnerleistung, Bildschirmgröße, -auflösung, Festplattenkapazität, Schnittstellen etc.) sollten sich an den zu bearbeitenden Aufgaben orientieren. Kleine Geräte wie Tablet-PCs, Convertibles oder Subnotebooks sind wegen der kleinen, häufig nicht entspiegelten Bildschirmanzeige und der kleinen bzw. virtuellen Tastatur für langandauernde Bürotätigkeiten, bei denen hohe Anforderungen an die Genauigkeit bestehen, nur eingeschränkt zu empfehlen. Betriebliche Akteure können für eine orientierende ergonomische Bewertung von Arbeitsmitteln die in Kap. 5 dieses Buches vorgestellte Checkliste verwenden.

Hinsichtlich der Ergonomie und Gebrauchstauglichkeit von Notebooks ist zu empfehlen, dass diese über einen entspiegelten Bildschirm verfügen und eine Bildschirmanzeige mit großer Helligkeit aufweisen (das heißt hoher Leuchtdichte) – eine Möglichkeit dies zu testen, kann darin bestehen, beim Gerätekauf ins Freie zu gehen und zu prüfen, ob Informationen auf dem Bildschirm dort noch gut erkennbar sind. Das Gehäuse sollte stabil und verwindungssteif sein. Von den Berufsgenossenschaften wird eine positiv beschriftete Tastatur (das heißt helle Tasten mit dunkler Beschriftung) empfohlen, da eine derartige Tastaturbeschriftung auch bei schlechten Lichtverhältnissen noch gut lesbar ist, auch, wenn Tasten durch häufiges Benutzen glänzen. Eine Alternative können Tastaturen sein, bei denen sich eine Hintergrundbeleuchtung der Buchstaben einschalten lässt. Der Akku sollte einen mehrstündigen, vom Stromnetz unabhängigen, Betrieb ermöglichen. Da bei der mobilen Arbeit auch die Arbeitsmittel transportiert werden, ist bei der Beschaffung auch auf das Gewicht zu achten.

Längeres Arbeiten mit dem Notebook auf dem Schoß ist nicht zu empfehlen. In dieser Haltung können zum Beispiel Schulter- und Nackenverspannungen auftreten und es kann zu Kopfschmerzen oder anderen Beschwerden kommen. Zudem werden manche Notebooks auf der Unterseite so warm, dass sich eine längere Nutzung in dieser Haltung auch aus diesem Grund nicht anbietet.

Sinnvollerweise liegt die Entfernung zwischen Bildschirm und Auge auch beim Arbeiten unterwegs zwischen circa 500 mm bis 600 mm. Als Zeichenhöhe von Großbuchstaben werden mindestens 3,2 mm empfohlen. Beim Arbeiten unterwegs, zum Beispiel in der Bahn, kann es zu Spiegelungen und Reflexionen auf dem Bildschirm kommen. Sollte dies nicht am Bildschirm selbst liegen – weil dieser gut entspiegelt ist – kann dies an der Umgebungsbeleuchtung liegen. Durch Wechseln des Sitzplatzes kann dieser Störung oft begegnet werden.

Auch beim Arbeiten in Hotels oder an anderen Orten sollten die Beschäftigten darauf achten, ihre benötigten Arbeitsmittel ergonomisch zu platzieren und zu verwenden. Bei der Buchung von Hotelzimmern kann ggf. schon geprüft werden, ob im Raum ein ausreichend großer Tisch und ein Stuhl vorhanden sind.

Verhaltensbezogene Aspekte sollten regelmäßig unterwiesen werden. Dazu gehören zum Beispiel Hinweise für das korrekte Einstellen des Notebooks oder auch zum Nutzen von Arbeitsmitteln in öffentlichen Verkehrsmitteln.

1.3 Unfallrisiken, Umgang mit Unfällen bei mobiler Arbeit

Versicherungsschutz von Beschäftigten in Telearbeit oder bei mobiler Arbeit

Grundsätzlich gilt, dass der allgemeine Schutz der Beschäftigten über die gesetzliche Unfallversicherung besteht. Dieser Schutz umfasst Arbeitsunfälle und Berufskrankheiten. Arbeitsunfälle sind Unfälle von Versicherten infolge einer den Versicherungsschutz begründenden Tätigkeit (Deutscher Bundestag 2017).

Im Hinblick auf Telearbeit und mobiles Arbeiten kann sich aber die besondere Abgrenzungsfrage ergeben; konkret ist zu klären, was eine (unversicherte) private Tätigkeit in Abgrenzung zu einer (versicherten) betrieblichen Tätigkeit ist.

Die Kernaussage ist: Im Einzelfall ist grundsätzlich entscheidend, ob ein Zusammenhang zwischen dem zum Unfall führenden Geschehen und der betrieblichen Tätigkeit besteht. Wichtig ist hierbei die Frage, ob der Versicherte im konkreten Einzelfall eine dem Beschäftigungsunternehmen dienende Tätigkeit ausüben wollte und diese Handlungstendenz durch die objektiven Umstände des Einzelfalls bestätigt wird.

Das heißt also: Stürzt ein Beschäftigter von der Treppe, weil er zu seinem im Keller befindlichen Drucker gelangen wollte, um dort berufsbezogene Ausdrucke zu holen, greift bei diesem Arbeitsunfall der Versicherungsschutz der gesetzlichen Unfallversicherung.

Stürzt der Beschäftigte jedoch von der Treppe, weil er ein privates Paket in Empfang nehmen will, fällt dies nicht unter den Versicherungsschutz; es ist kein Arbeitsunfall.

Was zählt noch zu einem Arbeitsunfall?

Gemäß § 8 Abs. 1 SGB VII zählen zu den Arbeitsunfällen auch Unfälle bei sogenannten Betriebs- oder Arbeitswegen. Das sind Wege, die in Ausführung der versicherten Tätigkeit zurückgelegt werden (z. B. Botengänge, Dienst- und Geschäftsreisen). Die Versicherung greift hier grundsätzlich nur bei Wegen außerhalb des (privaten) Wohngebäudes. Eine Ausnahme kann aber vorliegen, wenn sich die Wohnung und die Arbeitsstätte im selben Gebäude befinden. Dann ist ein Betriebsweg ausnahmsweise auch im häuslichen Bereich denkbar, wenn er in Ausführung der versicherten Tätigkeit zurückgelegt wird.

Gemäß § 8 Abs. 2 SGB VII besteht auch bei Wegeunfällen grundsätzlich Versicherungsschutz in der gesetzlichen Unfallversicherung. Dieser gilt für den mit der versicherten

Tätigkeit zusammenhängenden Weg zum Ort der Tätigkeit bzw. davon zurück. Allerdings beginnt und endet nach ständiger Rechtsprechung des Bundessozialgerichts der Weg zur oder von der Arbeit erst mit dem **Durchschreiten der Außenhaustür des Hauses,** in dem die Wohnung liegt **und nur auf dem direkten Weg** zur Arbeit. Die Wegeunfallversicherung erstreckt sich nach dem Bundessozialgericht damit nicht auf Unfälle innerhalb des Gebäudes, in dem sich die Wohnung (einschließlich Home-Office) des Verletzten befindet (Deutscher Bundestag 2017, S. 12–13).

▶ Die Entscheidung, ob ein Arbeitsunfall vorliegt oder nicht, kann nur unter Berücksichtigung der Umstände des jeweiligen Einzelfalls getroffen werden.

1.4 Psychische Belastung bei mobiler Arbeit

Der verstärkte Umgang mit mobilen Endgeräten, Arbeiten in unterschiedlichen Umgebungen, das Nutzen unterschiedlichster digitaler Kommunikationskanäle – ungeachtet der vielen Vorteile mobiler Arbeit können sich durch diese Arbeitsform psychische Belastungsfaktoren ergeben, die mit dem zentralen Instrument des Arbeits- und Gesundheitsschutzes, der Gefährdungsbeurteilung (§ 5 ArbSchG), ermittelt und auf ihre Gefährdung bewertet werden müssen. Neben der Durchführung der Gefährdungsbeurteilung ist der Arbeitgeber auch bei Mobilarbeit zur angemessenen Unterweisung der Beschäftigten verpflichtet (§12 ArbSchG).

▶ Psychische Belastung wird verstanden als „… Gesamtheit aller erfassbaren Einflüsse, die von außen auf den Menschen zukommen und psychisch auf ihn einwirken." (DIN EN ISO 10075-1 2018). Psychische Belastung kann zu einer psychischen Beanspruchung führen, die als eine Auswirkung im Menschen verstanden wird. Die psychische Beanspruchung hängt auch von persönlichen Faktoren (z. B. Fähigkeiten, Motivation, Gesundheitszustand) ab. Psychische Belastung und Beanspruchung sind zunächst einmal als neutrale Größen zu betrachten. Je nach der Art des Zusammenwirkens einzelner Faktoren können aus der Beanspruchung förderliche (Anregung, Lernen, Kompetenzentwicklung etc.) oder beeinträchtigende Folgen (psychische Ermüdung, Stressreaktion, Sättigung etc.) resultieren. Letztere gilt es durch entsprechende Gestaltungsmaßnahmen zu verhindern.

Welche psychischen Belastungsfaktoren können im Zusammenhang mit mobiler Arbeit entstehen?
Bei mobiler Arbeit können Gefährdungen für Sicherheit und Gesundheit insbesondere durch die unzureichende Gestaltung und Auswahl sowie den unzureichenden Einsatz von Arbeitsmitteln entstehen – wozu bei mobiler Arbeit sicher in erster Linie Bildschirmgeräte und das entsprechende Zubehör zählen.

Weitere zu berücksichtigende Faktoren sind die Gestaltung von Arbeitsabläufen und der Arbeitszeit und deren Zusammenwirken sowie die unzureichende Qualifikation und Unterweisung der Beschäftigten.

Im Rahmen des Arbeitsprogramms Psyche der zweiten Periode der Gemeinsamen Deutschen Arbeitsschutzstrategie (GDA) wurden Empfehlungen für die zu bewertenden Merkmale im Rahmen der Gefährdungsbeurteilung psychischer Belastung erarbeitet (Leitung des GDA-Arbeitsprogramms Psyche 2017). Hier wird auch der Bereich der neuen Arbeitsformen genannt. Weitere Empfehlungen werden in den nächsten Jahren folgen.

▶ Unternehmen und Beschäftigte können zur Gestaltung günstiger Rahmenbedingungen beitragen, damit mobile Arbeit eine Erfolgsgeschichte wird.

Den durch mobile Arbeit verbesserten Aspekten – wie erhöhte Autonomie und eine leichtere Vereinbarkeit von Beruf und Privatleben – können auf der anderen Seite eine erweiterte berufsbezogene Erreichbarkeit oder das Phänomen der sogenannten „interessierten Selbstgefährdung" als mögliche beeinträchtigenden Folgen (s. u.) gegenüberstehen.

Daher sind die betrieblichen und außerbetrieblichen Bedingungen so zu gestalten, dass im Idealfall Belastungsfaktoren, die das Potenzial haben, beeinträchtigende Folgen hervorzurufen, gar nicht entstehen. Sind jedoch Gefährdungen nicht auszuschließen, müssen Unternehmen im Rahmen ihrer Fürsorgepflicht Maßnahmen ergreifen, die die beeinträchtigenden Folgen für Gesundheit und Sicherheit auf ein Minimum reduzieren. Die Beschäftigten haben dabei ihr Unternehmen zu unterstützen (§ 15–16 ArbSchG).

Wie ist mit psychischen Belastungsfaktoren bei mobiler Arbeit umzugehen?
Möglichen Verunsicherungen und Vorbehalten von Beschäftigten, wie sie zum Beispiel den Umgang mit Erreichbarkeit außerhalb der regulären Arbeitszeiten gestalten sollen, kann durch frühzeitige und transparente Kommunikation begegnet werden. Führungskräfte und Beschäftigte sollten ihre Erwartungshaltung klar formulieren und sich auf gemeinsame Regelungen verständigen.

Im Hinblick auf die Gestaltung von Kommunikation und Kooperation bei mobiler Arbeit ist es empfehlenswert, dass weiterhin eine regelmäßige Kommunikation auf Team- oder Abteilungsebene stattfindet (und dafür auch ausreichend Zeit eingeplant wird), um den notwendigen Informations- und Erfahrungsaustausch zu gewährleisten. Das gilt auch für soziale Unterstützung, die eine gesundheitsförderliche Wirkung hat und eine wichtige Rolle bei der Ausgestaltung arbeitsbedingter Belastung spielt. Soziale Unterstützung durch Kollegen und auch Führungskräfte sollte weiter stattfinden, indem regelmäßige Präsenztermine realisiert werden. Dabei sollten die Bedarfe der einzelnen Abteilungs-/Teammitglieder sowie Möglichkeiten für den informellen Austausch berücksichtigt werden.

Der Mensch als soziales Wesen benötigt den Austausch und die Interaktion mit anderen. Arbeiten Menschen hauptsächlich in Einzelarbeit, kann soziale Isolation zu einem Problem werden. Allerdings existieren auch hier interindividuelle Unterschiede, denn nicht jeder Mensch betrachtet Einzelarbeit automatisch als negativ. Sollte Einzelarbeit die überwiegende Arbeitsform darstellen, könnten Maßnahmen zur Förderung personeller Ressourcen und Kompetenzen im Sinne der verhaltensorientierten Prävention jenen Beschäftigten angeboten werden, die diese Arbeitsform als problematisch wahrnehmen. Idealerweise passt die vorwiegende Arbeitsform mit den Eigenschaften und Kompetenzen des Beschäftigten zusammen. Im Vorfeld der Einführung mobiler Arbeit sind solche Themen zwischen Führungskraft und Beschäftigtem zu besprechen (vgl. Abschn. 4.2 in diesem Buch).

Ein nicht zu unterschätzender Faktor ist das Versagen von Technik während des Arbeitsprozesses. Die meisten Menschen erleben den technischen Fortschritt und die Verlässlichkeit von Mobilkommunikationstechnik als selbstverständlich, sie vertrauen auf die generelle Verfügbarkeit und den unbegrenzten Einsatz digitaler Kommunikationsmedien. So ist ein zuverlässiges Funktionieren der Technik maßgeblich für die Interaktionen zwischen Mensch und Maschine in der Mobilkommunikation, in Steuer- und Regelungsprozessen, die mehrere Anwender parallel ausführen müssen, oder schlicht bei einem wichtigen Gespräch. Tritt in so einem Fall ein plötzliches unvorhersehbares Versagen der Technik auf, kann dies bei beiden Kommunikationspartnern ein Stresserleben auslösen (Hoppe 2010). Um solche Fälle auf ein Minimum zu reduzieren, ist eine Grundvoraussetzung für die Einführung mobiler Arbeit, dass die technische Infrastruktur sichergestellt ist (vgl. Abschn. 3.1).

In Tab. 1.1 sind beispielhafte Vor- und Nachteile mobiler Arbeit sowie Vorschläge für mögliche Schutzmaßnahmen aufgeführt.

Was macht eine gesunde Arbeitswelt aus?
Prävention ist das Stichwort – auch beim Thema psychische Belastung. Es geht um die Vorbeugung von zum Beispiel krankheitsbedingten Ausfallzeiten oder Arbeitsunfällen. Darüber hinaus ist die menschengerechte Gestaltung von Arbeit Kern des Arbeits- und Gesundheitsschutzes. Arbeit muss – auch bezogen auf psychische Faktoren – entsprechend so gestaltet werden, dass sie möglichst keine beeinträchtigenden Beanspruchungsfolgen für Gesundheit und Leistungsfähigkeit nach sich zieht.

Oder positiv formuliert: Arbeit sollte so gestaltet werden, dass förderliche Effekte für den arbeitenden Menschen entstehen. Es geht nicht darum, psychische Belastung komplett zu beseitigen. Denn sie tritt bei allen Tätigkeiten auf und ist per se nicht negativ zu bewerten.

In einer gesundheitsförderlichen Arbeitswelt kann jeder Einzelne auf alle Instrumente und Maßnahmen zurückgreifen, die sowohl zur körperlichen als auch seelischen Gesundheit beitragen. Wichtige Stellschrauben sind

Tab. 1.1 Vor- und Nachteile mobiler Arbeit sowie Vorschläge für einzuleitende Schutzmaßnahmen (angelehnt an und erweitert nach Keller et al. 2017)

Vorteil/Ressource	Potenzielle negative Auswirkungen	Mögliche Schutzmaßnahme
Erhöhte Autonomie	Abnahme der kollegialen Kontakte, soziale Isolation	Regelmäßige virtuelle und persönliche Treffen im Unternehmen
Höhere Selbstständigkeit	Überforderung durch mangelnde Strukturierung, interessierte Selbstgefährdung	Arbeitsaufgaben in realistisch zu erreichende Teilziele gliedern, dies mit der Führungskraft abstimmen und regelmäßig prüfen Beschäftigte und Führungskräfte über interessierte Selbstgefährdung aufklären, Weiterbildung ermöglichen, Gesundheit im Unternehmen verankern Unternehmensinterne Hindernisse beseitigen, um einen angemessenen Entscheidungs- und Handlungsspielraum für mobile Arbeit zu ermöglichen
Verbesserte Vereinbarkeit von Beruf und Privatleben	Erschwertes „Abschalten" vom Beruf, keine Trennung zwischen den Bereichen	Regelmäßige Zeitfenster festlegen, in denen auf digitale Medien verzichtet wird (beruflich und privat)
Weniger Arbeitsunterbrechungen, bessere Möglichkeit zum konzentrierten Arbeiten	Unsicherheit im Umgang mit dem Thema „ständige Erreichbarkeit", Überforderung durch die Nutzung verschiedenster Kommunikationskanäle	Transparente, klare Regelungen aufstellen und Commitment erzeugen bzgl. der Erwartungen zum Thema Erreichbarkeit, Schulungen/Informationen anbieten, welcher Kommunikationskanal sich für welche Themen/Anlässe eignet

- Regenerations- und Erholzeiten,
- die Möglichkeit, nach der Arbeit abzuschalten und zu entspannen
- die Teilnahme an sozialen und kulturellen Aktivitäten und
- gemeinsam verbrachte Zeit mit Familie und Freunden (ifaa 2019).

Literatur

Ausschuss für Arbeitsstätten – ASTA (2017) Empfehlungen des Ausschusses für Arbeitsstätten (ASTA) zur Abgrenzung von mobiler Arbeit und Telearbeitsplätzen gemäß Definition in § 2 Absatz 7 ArbStättV vom 30. November 2016, BGBl. I S. 2681. https://www.baua.de/DE/Aufgaben/Geschaeftsfuehrung-von-Ausschuessen/ASTA/pdf/Mobile-Arbeit-Telearbeit.pdf?__blob=publicationFile&v=5. Zugegriffen: 17. Mai 2020

Bundesministerium der Justiz und für Verbraucherschutz (2017) Arbeitsstättenverordnung – ArbStättV. Bundesministerium der Justiz und für Verbraucherschutz (Hrsg). https://www.gesetze-im-internet.de/arbst_ttv_2004/. Zugegriffen: 17. Mai 2020

Bundesministerium der Justiz und für Verbraucherschutz (2019) Arbeitsschutzgesetz – ArbSchG. Bundesministerium der Justiz und für Verbraucherschutz (Hrsg). https://www.gesetze-im-internet.de/arbschg/. Zugegriffen: 17. Mai 2020

Bundesministerium der Justiz und für Verbraucherschutz (2019) Verordnung über Sicherheit und Gesundheitsschutz bei der Verwendung von Arbeitsmitteln (Betriebssicherheitsverordnung – BetrSichV). Bundesministerium der Justiz und für Verbraucherschutz (Hrsg). https://www.gesetze-im-internet.de/betrsichv_2015/. Zugegriffen: 17. Mai 2020

Bundesministerium der Justiz und für Verbraucherschutz (2019) Verordnung zur arbeitsmedizinischen Vorsorge (ArbMedVV). Bundesministerium der Justiz und für Verbraucherschutz (Hrsg). https://www.gesetze-im-internet.de/arbmedvv/. Zugegriffen: 17. Mai 2020

Deutscher Bundestag (2017) Telearbeit und Mobiles Arbeiten. Voraussetzungen, Merkmale und rechtliche Rahmenbedingungen. https://www.bundestag.de/resource/blob/516470/3a2134679f90bd45dc12dbef26049977/WD-6-149-16-pdf-data.pdf. Zugegriffen: 17. Mai 2020

DIN EN ISO 10075 Ergonomische Grundlagen bezüglich psychischer Arbeitsbelastung, Teil 1: Allgemeines und Begriffe (DIN EN ISO 10075–1: 2018). Beuth, Berlin

Hoppe A (2010) Komplexe Technik – Hilfe oder Risiko? Darstellung ausgewählter Ergebnisse einer Grundlagenuntersuchung zu Technikstress. In: Brandt C (Hrsg) Mobile Arbeit – Gute Arbeit? Arbeitsqualität und Gestaltungsansätze bei mobiler Arbeit, S 53–64. https://www.dguv.de/medien/ifa/de/pub/grl/pdf/2010_104.pdf. Zugegriffen: 17. Mai 2020

ifaa – Institut für angewandte Arbeitswissenschaft e. V. (2017) Handbuch Arbeits- und Gesundheitsschutz. Springer, Berlin

ifaa – Institut für angewandte Arbeitswissenschaft e. V. (2019) Gutachten zur Mobilen Arbeit. Erstellt im Auftrag der Bundestagsfraktion der Freien Demokratischen Partei (FDP). ifaa, Düsseldorf

Keller HS; Robelski V, Harth S, Mache S (2017) Psychosoziale Aspekte bei der Arbeit im Homeoffice und in Coworking Spaces. Arbeitsmedizin Sozialmedizin Umweltmedizin 52: 840–845. https://www.asu-arbeitsmedizin.com/psychosoziale-aspekte-bei-der-arbeit-im-homeoffice-und-coworking-spaces/uebersicht-psychosoziale. Zugegriffen: 17. Mai 2020

Koll M, Janning R, Pinter H (2015) Arbeitsschutzgesetz – Kommentar für die betriebliche und behördliche Praxis. Kohlhammer, Stuttgart

Leitung des GDA-Arbeitsprogramms Psyche (Hrsg) (2017) Empfehlungen zur Umsetzung der Gefährdungsbeurteilung psychischer Belastung. Arbeitsschutz in der Praxis. 3., überarbeitete Auflage. Stand: 22. November 2017. Bundesministerium für Arbeit und Soziales, Berlin

NORDMETALL (Hrsg) (2020) Leitfaden Telearbeit und mobiles Arbeiten.

2 Arbeitszeitgestaltung bei mobiler Arbeit

Ufuk Altun und Veit Hartmann

Inhaltsverzeichnis

Mobile Arbeit ermöglicht den Beschäftigten, ihre Tätigkeiten an unterschiedlichen Orten zu flexiblen Zeiten zu erledigen. Mit orts- und zeitflexibler Arbeit wird die klassische Arbeitszeitgestaltung neben Dauer, Verteilung und Lage der Arbeitszeit um eine weitere Dimension, nämlich „Arbeitsort", erweitert. Dadurch werden fixierte zeitliche und räumliche Grenzen von Arbeit aufgelöst und der klassische „Nine-to-five-Job" wird für mobil Arbeitende immer mehr zum Auslaufmodell. Folglich geht es darum, bei der Einführung und Gestaltung mobiler Arbeit neben arbeitsrechtlichen Aspekten auch die Elemente der Arbeitszeitflexibilisierung zu berücksichtigen. Nachfolgend werden ausgewählte rechtliche sowie organisatorische Aspekte dargestellt.

2.1 Rechtliche Aspekte der Arbeitszeitgestaltung

Eine besondere Herausforderung im Zusammenhang mit mobiler Arbeit ist die Einhaltung der gesetzlichen Regelungen zur Arbeitszeitgestaltung, die wiederum gewisse Anforderungen an die Unternehmen und Beschäftigten stellt.

> Da es bei der mobilen Arbeit auch um eine flexible Verteilung von Arbeitszeit geht, sind insbesondere die Regelungen des Arbeitszeitgesetzes (ArbZG) einzuhalten.

Demnach ist eine regelmäßige werktägliche Arbeitszeit von acht Stunden einzuhalten. Das bedeutet, dass die Beschäftigten werktäglich grundsätzlich nicht mehr als acht Stunden arbeiten dürfen (§ 3 Satz 1 ArbZG). In Ausnahmefällen dürfen sie bis zu zehn Stunden arbeiten, wenn innerhalb von sechs Kalendermonaten oder innerhalb von 24 Wochen im Durchschnitt acht Stunden werktäglich nicht überschritten werden (§ 3 ArbZG).

Zudem haben die Beschäftigten nach Beendigung der täglichen Arbeitszeit Anspruch auf eine ununterbrochene Ruhezeit von mindestens elf Stunden (§ 5 Abs. 1 ArbZG). Es besteht jedoch die Möglichkeit für Tarifvertragsparteien gemäß § 7 Abs. 1 ArbZG, die Ruhezeit um bis zu zwei Stunden zu kürzen, wenn die Art der Arbeit dies erfordert und die Kürzung innerhalb eines festzulegenden Zeitraums ausgeglichen wird. Die zeitlichen Vorgaben des Ausgleichszeitraums können die Tarifvertragsparteien ebenfalls selbst festlegen.

Gemäß § 4 ArbZG ist die Arbeit durch im Voraus feststehende Ruhepausen von mindestens 30 min bei einer Arbeitszeit von mehr als sechs bis zu neun Stunden und 45 min bei einer Arbeitszeit von mehr als neun Stunden insgesamt zu unterbrechen. Länger als sechs Stunden hintereinander dürfen Beschäftigte ohne Ruhepause nicht beschäftigt werden. Hierbei darf die Ruhezeit nicht mit der Ruhepause verwechselt werden. Unter dem Begriff Ruhepause wird allgemein eine Arbeitsunterbrechung verstanden, die im Interesse des Arbeitnehmers zu seiner Erholung stattfindet. Nach § 9 (Sonn- und Feiertagsruhe) des ArbZG dürfen die Beschäftigten an Sonn- und gesetzlichen Feiertagen von 0 bis 24 Uhr nicht beschäftigt werden.

Das Arbeitszeitgesetz schreibt vor, dass der Arbeitgeber verpflichtet ist, dafür zu sorgen, dass die oben dargestellten gesetzlichen Regelungen einzuhalten sind. Gemäß

U. Altun (✉) · V. Hartmann
ifaa - Institut für angewandte Arbeitswissenschaft e. V., Düsseldorf, Deutschland
E-Mail: u.altun@ifaa-mail.de

V. Hartmann
E-Mail: v.hartmann@ifaa-mail.de

ifaa – Institut für angewandte Arbeitswissenschaft e. V. (Hrsg.), *Ganzheitliche Gestaltung mobiler Arbeit*, ifaa-Edition,
https://doi.org/10.1007/978-3-662-61977-3_2

§ 16 Abs. 2 ArbZG ist der Arbeitgeber verpflichtet, die über die werktägliche Arbeitszeit des § 3 Satz 1 ArbZG hinausgehende Arbeitszeit der Arbeitnehmer aufzuzeichnen. Um diesen Pflichten nachzukommen, sind auch die Arbeitszeiten im Rahmen von mobiler Arbeit zu erfassen und zu dokumentieren.

Dies ist bei mobiler Arbeit nicht immer einfach, da die mobil Arbeitenden in der Gestaltung des Arbeitstages sehr autonom sind und selbst entscheiden wollen, wann, wie lange und an welchen Orten gearbeitet wird. Folglich sollte den Beschäftigten die für Erfassung und Dokumentation von Arbeitszeiten erforderlichen Instrumente oder Tools zur Verfügung gestellt werden.

▶ Diese können zum Beispiel einfache Lösungen mit einer Tabellenkalkulationssoftware oder webbasierten (mobilen) Zeiterfassungstools sein. Mit diesen Zeiterfassungslösungen können die Beschäftigten ihre Zeitbuchungen da vornehmen, wo sie arbeiten: zu Hause, im Büro, unterwegs usw. Dies sorgt für mehr Transparenz und hohe Motivation bei den Beschäftigten. So können auch die Zeiten, wenn zum Beispiel abends von zu Hause aus noch dienstlich telefoniert oder E-Mails geschrieben und gelesen werden, schnell und ohne großen Aufwand dokumentiert werden.

2.2 Arbeitszeitmodelle und Instrumente

Mobile Arbeit sollte mit flexiblen Arbeitszeitmodellen einhergehen, welche zum einen mit den einzelnen Tätigkeiten abgestimmt sind und zum anderen die Vereinbarkeit von Beruf und Privatleben unterstützen. In der Praxis existieren innovative und flexible Arbeitszeitmodelle, die für verschiedene Lebenssituationen beziehungsweise Aufgabenbereiche im Unternehmen passend sein können. Grundsätzlich ist daher eine Kombination von Arbeitszeitmodellen sinnvoll und in den meisten Betrieben auch die Regel.

▶ Hier sollte beachtet werden, dass nicht jedes Arbeitszeitmodell für jedes Unternehmen und jede Tätigkeit geeignet ist. Das gilt auch für die Beschäftigten. Insbesondere die Beschäftigten sollten sich einen Überblick verschaffen und selbst in Erfahrung bringen, welches Arbeitszeitmodell sich mit ihrer Arbeitsweise gut vereinbaren lässt und gleichzeitig die Vereinbarkeit von Beruf und Privatleben verbessert.

Abgesehen davon sollte berücksichtigt werden, dass der organisatorische Aufwand in den Betrieben bei einer zu großen Zahl an flexiblen Arbeitszeitmodellen steigt und den betrieblichen Ablauf negativ beeinträchtigen kann.

Dazu kommt, dass flexible Arbeitszeitmodelle, wie zum Beispiel Gleitzeit, die vom Großteil der Beschäftigten befürwortet werden, nicht immer auf andere Stellen und Arbeitsbereiche übertragbar sind. Aus diesem Grund sollte gemeinsam mit den betroffenen Personen festgelegt werden, welches flexible Arbeitszeitmodell das Richtige ist. Im Anschluss können die kollektiven oder individuellen Vereinbarungen getroffen werden.

Folgende Arbeitszeitmodelle und Instrumente werden hier näher beschrieben:

- Gleitzeit
- Vertrauensarbeitszeit – flexible Arbeitszeiten ohne Kontrolle
- Arbeitszeitkorridor
- Wahlarbeitszeit
- Arbeitszeitkonto

Gleitzeit

Gleitzeit bietet Beschäftigten die Möglichkeit, Lage und Verteilung ihrer Arbeitszeit im betrieblich vorgesehenen Rahmen eigenverantwortlich festzulegen. Per Definition gibt es keinen festgelegten Beginn und kein gemeinsames Ende der Arbeitszeit, wie es zum Beispiel beim klassischen „Nine-to-five-Job" der Fall ist. Stattdessen wird in der Regel eine sogenannte Kernarbeitszeit bestimmt, in der alle anwesend sein sollen.

Es gibt auch Gleitzeit-Regelungen ohne Kernarbeitszeit, bei denen quasi nur die Öffnungszeit des Betriebes festgelegt ist. Eine andere Variante dieses Modells der flexiblen Arbeitszeiten ist die Gleitzeit mit Funktionszeit. Hier müssen bestimmte Funktionen wie Erreichbarkeit für Kunden gewährleistet sein. Die einzelnen Beschäftigten können sich dafür untereinander abstimmen. Wann die Beschäftigten tatsächlich kommen und gehen, wird auf einem Gleitzeitkonto erfasst.

Gleitzeit hat viele Vorteile, beispielsweise ist die Erreichbarkeit aller Abteilungen durch die Kernarbeitszeit geregelt. Zeitdruck wegen eines Verkehrsstaus und Ähnlichem fällt weg. Für private Termine wie einen Behördengang müssen keine Urlaubstage genommen werden. Bis zu einem gewissen Rahmen lässt sich die flexible Arbeitszeit an die persönlichen Bedürfnisse anpassen. Sie sorgt für mehr Zufriedenheit unter den Beschäftigten und erhöht ihre Motivation.

Bedeutung für die betriebliche Praxis:

- Gleitzeit ermöglicht Flexibilität für Unternehmen und Beschäftigte.
- Sie bietet Beschäftigten ein hohes Maß an Arbeitszeitsouveränität.

- Kern- und Funktionszeit erleichtern eine bedarfsorientierte Arbeitszeitverteilung, zum Beispiel für den Kundenservice.
- Ohne Kern- und Funktionszeit ist der Flexibilitätsspielraum am größten; dies erfordert jedoch eine hohe Eigenverantwortung der Beschäftigten, um die Funktionsfähigkeit des Betriebes zu garantieren, was zum Beispiel die Erreichbarkeit und die Teilnahme an Meetings angeht.
- Gleitzeit unterstützt die Vereinbarkeit von Beruf und Privatleben (ifaa 2015).

Vertrauensarbeitszeit – flexible Arbeitszeiten ohne Kontrolle

Die Vertrauensarbeitszeit ist vor allem unter den Beschäftigten beliebt, die ergebnisorientiert arbeiten und sich flexible Arbeitszeiten gut selbstständig einteilen können. Bei der Vertrauensarbeitszeit gibt es grundsätzlich keine festgelegten Arbeitszeiten. Was zählt, ist das Arbeitsergebnis. Dabei orientieren sich die Beschäftigten an festgelegten Aufgaben und Zielvereinbarungen.

Bei vielen Praxisbeispielen ist die Vertrauensarbeitszeit mit der mobilen Arbeit verbunden. Vorteile der Vertrauensarbeitszeit sind maximale Flexibilität und Selbstständigkeit. Das bedeutet jedoch auch, dass die Beschäftigten lernen müssen, Verantwortung zu übernehmen sowie klare Grenzen zwischen Freizeit und Arbeit zu ziehen.

Der Arbeitgeber hat hier weiterhin die Aufzeichnungspflicht, was die geleisteten Arbeitsstunden betrifft. So soll sichergestellt werden, dass die Beschäftigten ihre Ruhezeiten einhalten. Allerdings kann der Arbeitgeber dies an die Beschäftigten delegieren, sodass die Beschäftigten Beginn und Ende der Arbeitszeit selbst dokumentieren. Diese Daten sollen betrieblich gespeichert sein, sodass der Arbeitgeber jederzeit die Möglichkeit hat, die Angaben zu Beginn und Ende der Arbeitszeit sowie die geleisteten Stunden zumindest stichprobenartig zu kontrollieren.

▶ DokumentationspflichtArbeitszeiten von mehr als acht Stunden pro Tag sind zwingend zu dokumentieren und für die Dauer von mindestens zwei Jahren aufzubewahren (§ 16 Abs. 2 ArbZG). Hier ist zu empfehlen, die Dokumentationspflicht auf die Beschäftigten zu übertragen. So können die Beschäftigten ihre tägliche Arbeitszeit durch Selbstaufschreibungen erfassen und der Arbeitgeber kann diese stichprobenartig kontrollieren.

Bedeutung für die betriebliche Praxis:

- Vertrauensarbeitszeit setzt eine Unternehmenskultur des Vertrauens voraus.
- Sie ermöglicht weitreichende Flexibilität für Unternehmen und Beschäftigte.
- Sie bietet Beschäftigten ein hohes Maß an Arbeitszeitsouveränität, Handlungs- und Entscheidungsspielraum und fördert die Motivation.
- Dies erfordert eine stark ausgeprägte Eigenverantwortung der Beschäftigten sich selbst und dem Unternehmen gegenüber.
- Die Vereinbarkeit von Beruf und Privatleben wird unterstützt (ifaa 2015).

Arbeitszeitkorridor

Bei einem Arbeitszeitkorridor wird eine Ober- und eine Untergrenze für die wöchentliche Arbeitszeit festgelegt. Der daraus resultierende Flexibilitätsspielraum bietet die Möglichkeit, die Dauer der Arbeitszeit je nach Bedarf anzupassen. Die Stunden, die über die Obergrenze hinaus geleistet werden, gelten als Zeitguthaben. Die nicht geleisteten Stunden, die unterhalb der Untergrenze liegen, gelten als Zeitschuld und werden nachgearbeitet.

▶ Die Arbeitszeiten, die die Obergrenze überschreiten, sollten nicht als Überstunden gewertet, sondern innerhalb eines vereinbarten Abrechnungszeitraums, zum Beispiel von einem Jahr, ausgeglichen werden.

Bedeutung für die betriebliche Praxis:

- Ein Arbeitszeitkorridor bietet nicht nur zeitlichen, sondern auch finanziellen Flexibilitätsspielraum. Die Höhe des Monatsentgeltes ist abhängig von der jeweils geltenden Wochenarbeitszeit.
- Personalkapazität und Monatsentgelt können zum Beispiel an konjunkturelle oder saisonale Auftragsschwankungen angepasst werden.
- Arbeitszeitkorridore können zur alternsgerechten und lebenssituationsspezifischen Arbeitszeitgestaltung beitragen (ifaa 2015).

Wahlarbeitszeit

Wahlarbeitszeit zeichnet sich dadurch aus, dass Beschäftigte das Volumen ihrer vertraglich vereinbarten wöchentlichen Arbeitszeit für einen festgelegten Zeitraum verändern können. Bei diesem Modell können die Beschäftigten selbst bestimmen, wie viel Zeit sie bei der Arbeit verbringen wollen. Dafür stimmen sie sich mit dem direkten Vorgesetzten ab und legen ihre Wahlarbeitszeit für den vereinbarten Zeitraum, zum Beispiel für ein Jahr oder zwei Jahre, fest. Das Entgelt wird entsprechend angepasst.

Nach Ablauf der Zeit haben die Beschäftigten die Möglichkeit, wieder zu ihrer vertraglich vereinbarten normalen Arbeitszeit zurückzukehren. Oder sie können erneut einen Antrag auf Verkürzung oder Erhöhung ihrer Arbeitszeit stellen. Dadurch wird den Beschäftigten ermöglicht, ihre Arbeitszeit an ihre Lebenssituation anzupassen.

Bedeutung für die betriebliche Praxis:

- Wahlarbeitszeit bietet Flexibilität für Unternehmen und Beschäftigte.
- Die Personalkapazität kann an längerfristige Auftragsschwankungen angepasst werden.
- Beschäftigte, die vorübergehend zeitlich eingeschränkt sind (z. B., weil sie sich in einer berufsbegleitenden Weiterbildung befinden) oder vorübergehend ein höheres Einkommen benötigen, können an das Unternehmen gebunden werden.
- Wahlarbeitszeit trägt zur alternsgerechten und lebenssituationsspezifischen Arbeitszeitgestaltung bei (ifaa 2015).

Das Arbeitszeitkonto: ein wichtiges und unverzichtbares Instrument für flexible Arbeitszeitgestaltung
Beim Arbeitszeitkonto handelt es sich nicht um ein Arbeitszeitmodell. Das Arbeitszeitkonto ist ein wichtiges Instrument für flexible und bedarfsgerechte Arbeitszeitgestaltung (Altun et al. 2020). Dabei wird die tatsächlich geleistete Ist-Arbeitszeit mit der zu erbringenden Soll-Arbeitszeit verrechnet und die Abweichung zwischen der vereinbarten und der tatsächlich geleisteten Arbeitszeit festgehalten. Folglich wird auf einem Arbeitszeitkonto die Arbeitszeit, die über die vertraglich vereinbarte Arbeitszeit hinausgeht und ungleichmäßig verteilt ist, gutgeschrieben (Zeitguthaben). Umgekehrt wird vom Zeitguthaben entnommen, wenn die Beschäftigten weniger als vertraglich vereinbart arbeiten (Zeitschulden). Diese Abweichungen werden über einen festgelegten Zeitraum ausgeglichen, sodass im Durchschnitt die tarifliche bzw. individuelle regelmäßige Wochenarbeitszeit erreicht wird. Die verschiedenen Kontenarten werden nach „Zeitkonto" und „Wertkonto" unterschieden (Abb. 2.1).

Damit die Arbeitszeitkonten als ein wichtiges Flexibilitätsinstrument nicht den Sinn und Zweck verlieren, sollten die Dispositionsrechte und Spielräume klar definiert sein. Diese sollten Punkte beinhalten, wie

- die maximal zulässigen Plus- und Minusstunden, die gesammelt werden dürfen;
- wann und wie die Überstunden ausgeglichen oder vergütet werden sollen;
- den Zeitraum, innerhalb dessen das Arbeitszeitkonto ausgeglichen werden muss sowie
- wer darüber entscheiden soll.

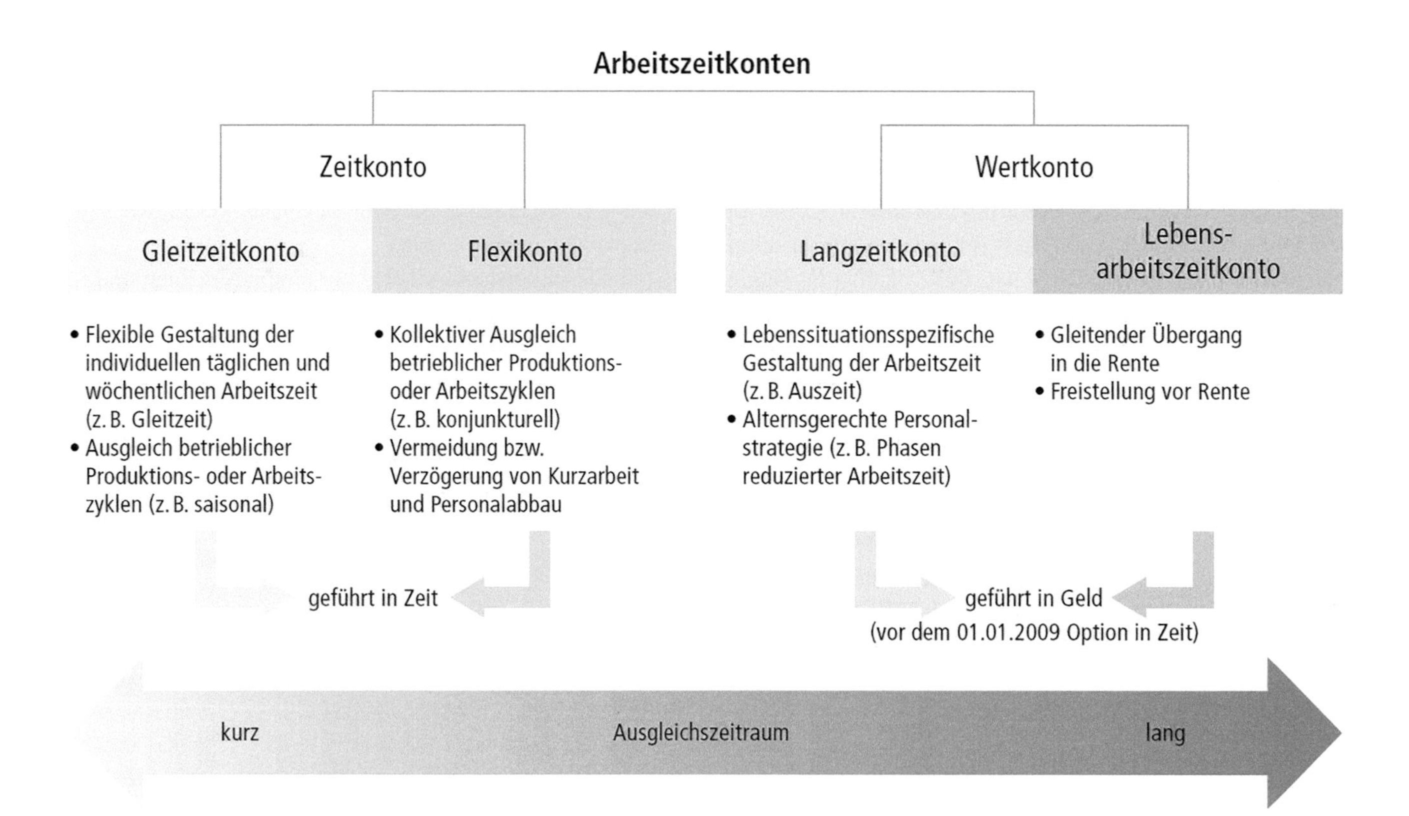

Abb. 2.1 Arten von Arbeitszeitkonten. (Eigene Darstellung)

Bedeutung für die betriebliche Praxis:

- Arbeitszeitkonten verwalten flexible Arbeitszeiten.
- Sie bieten Unternehmen und Beschäftigten Flexibilitätsspielraum zur variablen Verteilung der Arbeitszeit.
- Arbeitszeitkonten fangen Auslastungsspitzen und Auftragstäler auf, schaffen und sichern dadurch Arbeitsplätze.
- Arbeitszeitkonten ermöglichen Beschäftigten, die eigene Arbeitszeit zu beeinflussen, um Beruf und Privatleben besser miteinander zu vereinbaren.
- Als attraktiv empfundene Arbeitszeiten steigern Motivation, Leistungsbereitschaft und Leistungsfähigkeit (ifaa 2015).

Für eine systematische und transparente Vorgehensweise bei der Entwicklung, Einführung und Verwaltung von Arbeitszeitkonten kann auch eine Checkliste nützlich sein. Die nachfolgende Checkliste enthält wichtige Hinweise und Empfehlungen, ohne jedoch einen Anspruch auf Vollständigkeit zu erheben (Tab. 2.1):

Tab. 2.1 Checkliste für die Einführung und Verwaltung von Arbeitszeitkonten

Verwendungszweck	
• Wofür soll das Arbeitszeitkonto eingesetzt werden?	Zur flexiblen Gestaltung der täglichen und wöchentlichen Arbeitszeit/der Lebensarbeitszeit/Abbau vor Anordnung von Kurzarbeit; hiervon sind Wertkonten ausgenommen
Geltungsbereich	
• Für welchen Personenkreis oder für welche Bereiche soll das Arbeitszeitkonto eingeführt werden?	Ganzer Betrieb oder Teile des Betriebes; alle Beschäftigten oder sind bestimmte Beschäftigtengruppen ausgeschlossen? (zum Beispiel AT-Angestellte, Aushilfen, befristete Arbeitsverträge)
Kontengrenzen	
• Wie viele Plus- und Minusstunden darf das Arbeitszeitkonto maximal enthalten?	Zwischen Zweifachem und Vierfachem der (tarif-) vertraglichen Wochenarbeitszeit
• Wo liegen die Grenzen der grünen, gelben und roten Phase im negativen und positiven Bereich eines Ampelkontos?	Jeweils betriebsspezifisch zu regeln
Ausgleichszeitraum	
• Wann hat das Arbeitszeitkonto auf „null" zu stehen?	Spätestens am Ende eines Quartals/des Arbeitslebens
Zeiterfassung	
• Wie wird die Ist-Zeit erfasst?	Elektronisches Zeiterfassungssystem, Handaufschreibung, Excel-Tabelle, App
Information	
• Wie werden die Beschäftigten über den Stand ihres Zeitkontos informiert?	Von Personalabteilung erstellte Übersicht, Excel-Tool, elektronisches Zeiterfassungssystem
Steuerung	
• In welchem Zeitraum dürfen wie viele Plusstunden ins Konto gebucht werden?	Maximal fünf Plusstunden pro Woche/bis zu 12 zusätzliche Schichten pro Beschäftigten und Jahr
• Was darf sonst noch ins Arbeitszeitkonto eingebracht werden?	Zeitzuschläge, Überstunden/bei Langzeitkonten auch Entgeltbestandteile, Urlaubstage oberhalb des gesetzlichen Mindesturlaubs
• Wie sind Plusstunden zu entnehmen?	Stundenweise, tageweise, in Kombination mit Urlaub
• Wie lange im Voraus muss eine Freizeitnahme angekündigt werden?	Staffelung in Abhängigkeit von der Dauer der Freistellung, zum Beispiel ein Tag beim Gleitzeittag bzw. 6 Monate bei einer Auszeit von einem Jahr
• Was passiert mit Plusstunden nach Ende des Ausgleichszeitraums?	Übertragung in ein Langzeitkonto/in Altersversorgung; Auszahlung nach Ende des Arbeitsverhältnisses
• Wie sind Minusstunden auszugleichen?	Stundenweise/durch zusätzliche Arbeitstage unter Beachtung gesetzlicher und tariflicher Vorschriften
• Was passiert mit Minusstunden nach Ende des Ausgleichszeitraums?	Übertragung in den nächsten Ausgleichszeitraum bzw. bei Beendigung des Arbeitsverhältnisses Verrechnung mit dem Entgelt
Dispositionsrechte	
• Unter welchen Bedingungen steuert der Beschäftigte das Arbeitszeitkonto, wann der Arbeitgeber?	In Abhängigkeit vom Kontostand und den betrieblichen Belangen

Literatur

Altun U, Hartmann V, Hille S, Börkircher M, ifaa – Institut für angewandte Arbeitswissenschaft (Hrsg) (2020) Gestaltung und Steuerung von Arbeitszeitkonten. Für mehr Flexibilität und Individualität. ifaa, Düsseldorf

ifaa (Hrsg) (2015) Leistungsfähigkeit im Betrieb. Kompendium für den Betriebspraktiker zur Bewältigung des demografischen Wandels. ifaa-Edition. Springer, Berlin

Technik

3

Nora Johanna Schüth und Veit Hartmann

Inhaltsverzeichnis

Für mobile Arbeit sind digitale Technologien wesentlich, da sie den Beschäftigten ermöglichen, mit ihren mobilen Endgeräten an unterschiedlichen Orten zu flexiblen Zeiten arbeiten zu können. Für einen sicheren und reibungslosen Arbeitsablauf gilt es, einige Anforderungen an die Technik und die Datensicherheit zu beachten.

3.1 Technische Infrastruktur

Ein wichtiger Aspekt ist der Zugang zu Arbeitsunterlagen, Anwendungen, Datenbanken an verschiedenen Orten und zu unterschiedlichen Zeitpunkten. Die zentrale technische Voraussetzung hierfür ist das Internet bzw. eine leistungsfähige Internetinfrastruktur. Dadurch sind die Dokumente und Arbeitsunterlagen digital ortsunabhängig verfügbar und es kann jederzeit auf sie zugriffen werden. Die Daten können auf betriebsinternen oder betriebsexternen Servern gespeichert, erstellt und von mehreren Beschäftigten gleichzeitig bearbeitet werden. Spezielle Applikationen erleichtern die Zusammenarbeit und ermöglichen eine Live-Übertragung von Dokumentbearbeitungen oder anderer Meeting-Inhalte. Dabei ist sicherzustellen, dass die datenschutzrechtlichen Anforderungen eingehalten werden.

3.1.1 Zugriff auf Unternehmensdaten

Über Cloud-Systeme und VPN-Clients ist der Zugriff auf unternehmensinterne Daten via Notebook oder Smartphone von unterwegs jederzeit möglich (Hammermann und Stettes 2017, S. 6). Die Daten liegen dabei auf zentralen Servern, die über mobile Endgeräte wie Notebooks, Smartphones und Tabletcomputer von den Beschäftigten aufgerufen, bearbeitet und gespeichert werden können. bzw. genutzt werden, um neue Dokumente zu erstellen (vgl. Abb. 3.1).

Cloud-Struktur
Im Gegensatz zur Client-Server-Struktur (s. u.) befinden sich die Unternehmensdaten nicht mehr am Standort auf dem Server, sondern sind in sogenannte Cloud-Dienste ausgelagert. Damit sind sie auch nicht mehr nur an einem definierten Ort ähnlich einer Festplatte gespeichert: Sie liegen „verteilt in den Rechenzentren und Cloud-Speichern verschiedener IT-Dienstleister (…) und können damit auf Speicherorte auf der ganzen Welt verteilt sein" (TBS NRW 2017, S. 20). Vorteile einer Cloud-Struktur sind zum Beispiel:

- großer Funktionsumfang,
- geringe (Miet-)Kosten,
- Entlastung administrativer IT-Tätigkeiten.

Client-Server-Struktur
Bei der typischen Client-Server-Struktur hat ein Client (End) auf die Daten am Standort (Site) Zugang. Dabei steht der Server am Standort des Unternehmens. Befinden sich die Beschäftigten außerhalb des Unternehmens, erfolgt die Datenübertragung vom/zum Server über das Internet.

N. J. Schüth (✉) · V. Hartmann
ifaa - Institut für angewandte Arbeitswissenschaft e. V., Düsseldorf, Deutschland
E-Mail: n.j.schueth@ifaa-mail.de

V. Hartmann
E-Mail: v.hartmann@ifaa-mail.de

ifaa – Institut für angewandte Arbeitswissenschaft e. V. (Hrsg.), *Ganzheitliche Gestaltung mobiler Arbeit*, ifaa-Edition,
https://doi.org/10.1007/978-3-662-61977-3_3

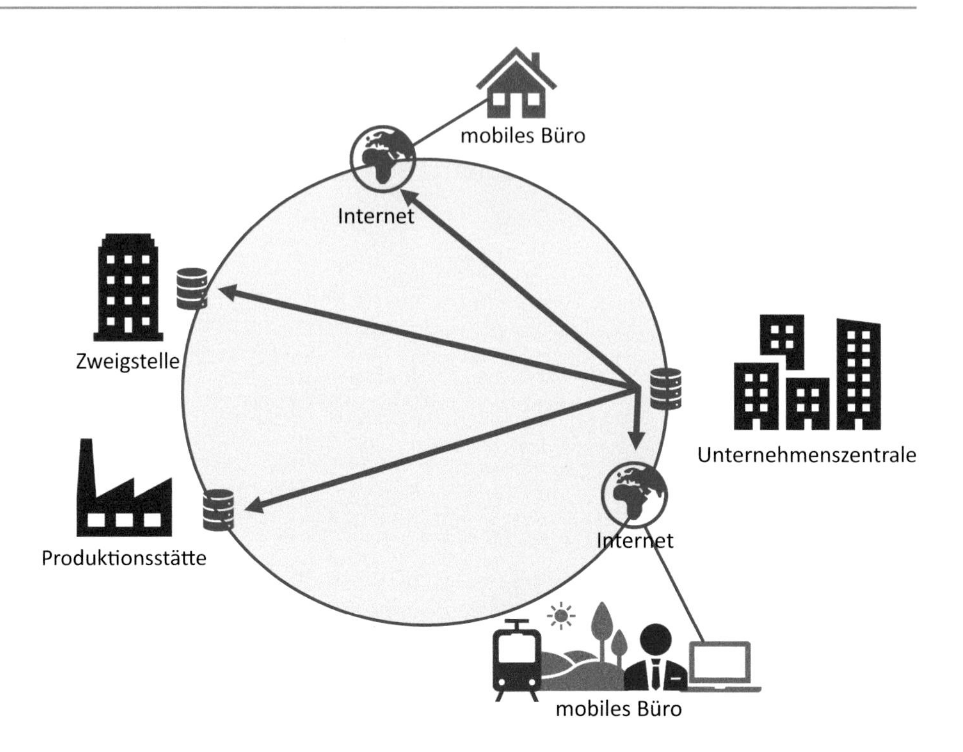

Abb. 3.1 Schematische Darstellung des Zugriffs auf Unternehmensdaten. (Eigene Darstellung in Anlehnung an cleanpng 2020)

Innerhalb des Unternehmens wird auf die Daten über das lokale Netz zugegriffen. Kunden- und Auftragsdaten (z. B. in einem SAP-System) werden auf dem lokalen Server verarbeitet, während die digitale Kommunikation über einen Exchange-/Sharepoint-Server für Termin- und Kontaktdaten sowie E-Mails abgewickelt wird. Diese End-to-Site-Verbindung wird von außerhalb mittels VPN verschlüsselt. Vorteile einer Client-Server-Struktur sind zum Beispiel:

- größere Freiräume bei der Ausgestaltung betrieblicher Software-Anwendungen,
- Beibehalt der vollen Kontrolle über die Verarbeitung der Unternehmensdaten (TBS NRW 2017).

▶ **Definition** VPNs ermöglichen den Beschäftigten einen schnellen Zugriff auf das Unternehmensnetz.

VPN ist die Abkürzung für Virtual Private Network. Virtual Private Network ist eine abgeschlossene Verbindung, die über ein bereits bestehendes Netz hergestellt wird. Dieses bestehende Netz kann das Internet sein, aber auch ein Firmennetz, auf dem eine VPN-Verbindung aufgebaut wird.

Hybridstruktur

Ein Szenario, welches häufig vorzufinden ist, ist das der hybriden Infrastruktur: Viele Unternehmen haben eine ausgewachsene Client-Server-Struktur, die im Laufe der Zeit perfekt an die Belange des Unternehmens angepasst wurde. Dennoch werden Cloud-Dienste zusätzlich in Anspruch genommen, um die Vorteile beider Strukturen optimal nutzen zu können (TBS NRW 2017).

3.1.2 Ausstattung der Beschäftigten

Die technologischen Mindeststandards im Unternehmen sollten für die reibungslose Umsetzung der mobilen Arbeit zur Verfügung stehen. Dies beinhaltet u. a. die IT-Sicherheit, Definition von verbindlichen Standards an Datenschutz und Datensicherheit sowie eine technische Mindestausstattung wie z. B. Notebook, PC, Monitor, Tastatur, Maus, Telefon. Beachtet werden sollten zudem der Stand der Technik und die ergonomischen Standards.

Für die Ausübung mobiler Arbeit außerhalb der Produktion kommen klassischerweise Notebooks und Mobiltelefone zum Einsatz. Dafür werden in der Regel firmenseitig Notebooks gestellt, die mit der Software ausgestattet sind, die auch bei der Präsenzarbeit benötigt wird (z. B. E-Mail-Programm, Office-Pakete etc.). Häufig werden die Notebooks dabei für die Präsenz- wie auch die Mobilarbeit verwendet – ein regelmäßiger Wechsel zwischen zwei Geräten ist nicht anzustreben. Wenngleich grundsätzlich zu empfehlen ist, dass alle bearbeiteten Dokumente/Daten stets auf dem Server und nicht (lediglich) auf der Festplatte zu speichern sind, bringt der regelmäßige Wechsel von Desktop-PC im Büro und Notebook für die Mobilarbeit unnötigen Aufwand mit sich, wie zum Beispiel für die Durchführung von notwendigen System- oder Antivirensoftware-Updates oder die Synchronisierung der PCs mit dem Mobiltelefon.

Welche mobilen Geräte sind sinnvoll?
Grundsätzlich ist abzustimmen, welche technische Infrastruktur für die Gewährleistung eines reibungslosen Betriebsablaufs auch bei der mobilen Arbeit sinnvoll ist. In der Regel sind dies Notebooks sowie Mobiltelefone. Der Gebrauch privater Notebooks für die mobile Arbeit empfiehlt sich aus sicherheitstechnischen und datenschutzrechtlichen Gründen nicht. So ist der Arbeitgeber zum Beispiel dazu verpflichtet, für die Datensicherheit zu sorgen, die Endgeräte sicher in das Firmennetzwerk einzubinden sowie im eigenen Interesse notwendige Antivirensoftware zu installieren. Dies dürfte bei fremdem Eigentum schwerlich durchzusetzen sein.

Anders hingegen verhält es sich mit Mobiltelefonen: Viele Unternehmen ermöglichen ihren Beschäftigten den Zugriff auf ihr dienstliches E-Mail-Programm und den Kalender vom privaten Telefon aus. Denn „Bring Your Own Device“ (BYOD), was so viel bedeutet wie „Bring dein eigenes Gerät mit“, liegt derzeit aus vielen Gründen im Trend:

- Kosteneinsparungen für die Unternehmen (Mobiltelefone, Mobilfunkverträge),
- Beschäftigte sind mit ihren eigenen Geräten vertrauter, was sich positiv auf die Produktivität auswirkt (keine Umgewöhnung von einem Betriebssystem auf ein anderes),
- weniger umständlich für die Beschäftigten (nicht stets zwei Geräte inkl. Ladekabel mit sich führen und beide regelmäßig aufladen müssen).

Es empfiehlt sich, den Zugang zum Unternehmensnetzwerk mit dem Mobiltelefon auf den E-Mail-Server und den Kalender zu beschränken. Die Daten- und Dokumentbearbeitung sollte ohnehin am Notebook erfolgen. Einerseits, um eine gesicherte Verbindung, zum Beispiel über einen VPN-Tunnel, zu ermöglichen und andererseits aus ergonomischen Gesichtspunkten (s. dazu Abschn. 1.2 in diesem Buch). Mittlerweile sind neben Notebooks auch leistungsstarke Tablet-PCs gut für die Mobilarbeit geeignet, da sie nicht ausschließlich in der Hand gehalten werden müssen, sondern mit Tastaturen versehen selbstständig stehen können und eine Arbeit ähnlich wie am Notebook ermöglichen.

▶ Für die mobile Arbeit zu Hause sollten Führungskräfte ihren Beschäftigten raten, sich einen Monitor sowie eine ergonomische Tastatur und Maus anzuschaffen, da sie die Ergonomie verbessern und somit Haltungsschäden vorbeugen können. Als hilfreich hat es sich erwiesen, für zu Hause zumindest die baugleiche Tastatur und Maus zu verwenden wie im Büro, da dann die Umgewöhnung entfällt.

Beschäftigte sind von ihren Führungskräften anzuhalten, gerade auch bei der Mobilarbeit eigenverantwortlich darauf zu achten, die gesetzlichen und tariflichen Regelungen einzuhalten. Dabei können sich Führungskräfte allerdings nicht ihrer Verantwortung entziehen und haben ihrer Fürsorgepflicht nachzukommen. Wie bei der Präsenzarbeit sind Maßnahmen zum Schutz der Sicherheit und Gesundheit erforderlich. Die Risiken des orts- und zeitflexiblen Arbeitens sollten gemeinsam mit Führungskräften und Beschäftigten erörtert und kommuniziert werden, woraus die Führungskraft dann Regeln ableitet und festlegt. Nähere Ausführungen zu Themen des Arbeits- und Gesundheitsschutzes, notwendigen Unterweisungen und zu Themen der Ergonomie sind in Abschn. 1.2 in diesem Buch zu finden.

3.1.3 Applikationen für die virtuelle Zusammenarbeit

Mobile Arbeit – ob von zu Hause aus oder während der Dienstreise – ist selten nur „stille Konzeptarbeit“ allein. Der Austausch mit Kolleginnen, Kollegen und Führungskräften ist meist fester Bestandteil des Tagwerks. Dabei sind die Standard-Kommunikationskanäle wie E-Mail und Telefon nicht immer ausreichend. Verschiedene Software-Lösungen ermöglichen die gemeinsame Arbeit in virtuellen Räumen mittels Live-Übertragung von Bildschirminhalten und Videos.

Die Software Teamviewer beispielsweise ermöglicht einerseits den Zugriff von unterwegs aus auf den eigenen PC im Büro (z. B. vom Notebook aus). Andererseits können nach einer Passwortabfrage auch andere Personen den PC aus der Entfernung mit einem anderen PC steuern – dies kann zum Beispiel dann sinnvoll sein, wenn es Probleme mit dem Gerät gibt und ein Beschäftigter der IT-Abteilung helfend zur Seite stehen und eine Fernwartung vornehmen kann.

Verschiedene Plattformen bieten darüber hinaus die Möglichkeit, mit mehreren Beschäftigten Video-, Sprach- und Präsentationsdaten auszutauschen – vom virtuellen Kleingruppen-Meeting bis hin zu Onlinekonferenzen mit mehreren hundert Teilnehmenden.

Übersicht

Wichtig ist, dass im Sinne der DSGVO (Art. 25 DSGVO) passende Konferenz-Dienste ausgewählt werden. EU-Dienste und solche mit den datenschutzfreundlichsten Verfahrens- und Einstellungsmöglichkeiten sind stets vorzuziehen. Dies können sein:

- verschlüsselte Übertragung
- Erlaubnis des Anbieters, das Programm geschäftlich zu nutzen
- ausdrückliche Zustimmung der Nutzer für die Übertragung und/oder Speicherung von Bildschirmfreigaben
- die Bildung von Verhaltensprofilen sollte nicht erfolgen oder abschaltbar sein (Schwenke 2020)

Eine ausführliche Zusammenstellung einzelner Anbieter für solche Onlinemeeting-Dienste, eine Übersicht der Datenschutzniveaus bei Anbietern aus Drittländern (viele stammen aus den USA) und weitere Hinweise gibt Schwenke (2020).

3.2 Datenschutz und Datensicherheit

Mit der zunehmenden räumlichen und zeitlichen Flexibilisierung der Arbeit und der Vernetzung von digitalen Arbeitsmitteln, wie zum Beispiel Smartphones und Tablets in und außerhalb des Betriebes, wächst auch die Bedeutung des Datenschutzes sowie der Datensicherheit – nicht nur bei der Anwendung oben beschriebener Applikationen für Onlinemeetings, sondern im alltäglichen Zugriff auf Unternehmensdaten.

3.2.1 Risiken

Die neuen Technologien bieten mobil arbeitenden Beschäftigten jederzeit die Möglichkeit, auf Clouds oder Unternehmensnetzwerke zuzugreifen, Informationen zu speichern, aber auch diese zu löschen. Grundsätzlich besteht das Risiko, dass sowohl personenbezogene als auch betriebliche Daten unbeabsichtigt, aber auch in böswilliger Absicht aus dem Betrieb gelangen können. Zudem können gefährliche Programme ins Datennetz eines Unternehmens eingeschleust werden, die einen unerwünschten oder beabsichtigten Datenverlust oder Datendiebstahl verursachen.

Zusätzliche Schwierigkeiten ergeben sich daraus, dass im Rahmen von Tätigkeiten im außerbetrieblichen Bereich, wie bei mobiler Arbeit, die Kontroll- und Einflussmöglichkeiten des Arbeitgebers erschwert und insbesondere die Möglichkeiten zur Einflussnahme und des Missbrauchs durch Dritte deutlich erhöht sind. So ist etwa die Gefahr im außerbetrieblichen Bereich viel höher, dass Außenstehende unmittelbar personenbezogene Daten visuell wahrnehmen, Zugriff auf Datenträger mit personenbezogenen Dateien erlangen oder Informationen erhalten, wie sie sich den unmittelbaren Zugang zu den geschützten Daten verschaffen können.

Bezüglich des Datenschutzes und der Datensicherheit sind für das mobile Arbeiten gesonderte Vorkehrungen zu treffen. Das Unternehmen muss sicherstellen, dass die datenschutzrechtlichen Anforderungen eingehalten werden und insbesondere nach § 9 BDSG die technischen und organisatorischen Maßnahmen treffen, die zum Datenschutz erforderlich sind. Die Beschäftigten sollten schriftlich durch Arbeitsverträge sowie zusätzliche Verpflichtungserklärungen u. a. nach § 5 des Datenschutzgeheimnisses (BDSG) in die Verantwortung genommen werden. Der Umgang mit betriebseigener und persönlicher Technik ist zu regeln.

Laut der „Mobile Security in Deutschland 2017", wurden im Jahr 2016 etwa bei zwei Drittel der Unternehmen, in denen mit mobilen Endgeräten gearbeitet wurde, mobile Sicherheitsvorfälle verzeichnet (IDC 2017). Der Studie zufolge erschweren verschiedene mobile Betriebssysteme, eine Verschmelzung von privater und geschäftlicher Technologie, eine kontinuierlich wachsende Anzahl an Smart Devices sowie eine hohe Innovationsdynamik und Komplexität den Schutz von mobilen Geräten, Apps und Firmendaten (ebenda).

3.2.2 Sicherstellung des Datenschutzes und der Datensicherheit

Vor der Einführung mobiler Arbeit sollte geregelt sein, ob die betrieblichen Daten auf privaten Endgeräten oder Speichermedien kopiert und gespeichert werden dürfen. Es muss dann klar mit den Beschäftigten verabredet werden, dass sie sich selbstständig um die Einhaltung notwendiger Wartungsintervalle der auf den privaten Geräten installierten Software durch den Systemadministrator/die IT-Abteilung kümmern.

In großen Unternehmen mit mehreren hundert Beschäftigten ist der Aufwand an Administration für die vielen unterschiedlichen Endgeräte nicht mehr allein durch einige wenige Beschäftigte in der IT-Abteilung zu bewältigen. Zur Vereinfachung kommt dann häufig ein sogenanntes Mobile-Device-Management (MDM) zum Einsatz, das die Verwaltung von Geräten und Software vereinfacht. Eine Übersicht gibt Hommes (2013).

Manche Unternehmen untersagen den beruflichen Gebrauch des privaten Mobiltelefons und statten ihre Beschäftigten mit „Dienst-Handys" aus. Ein Grund dafür liegt im Datenschutz begründet: Verbreitete Messenger, wie zum Beispiel WhatsApp, greifen auf die Kontaktdaten im Telefonbuch des Geräts zu. Sind dort Daten von Geschäftskontakten und Kolleginnen oder Kollegen gespeichert, verletzt dies streng genommen die DSGVO (Frehner 2018), es sei denn, jeder gespeicherte Kontakt wurde vorher um Erlaubnis der Weitergabe seiner Daten informiert. Dies ist jedoch praxisfern. Daher sollte klar geregelt sein, welche Apps die Beschäftigten auf ihrem Telefon installiert haben dürfen, wenn es auch beruflich genutzt wird.

Da sich weitere Risiken hinsichtlich der Datensicherung ergeben, wenn diese im Rahmen von mobiler Arbeit nicht durch zentrale betriebliche Systeme erfolgt und sie allein in der Verantwortung der Beschäftigten liegt, haben die Beschäftigten folglich insbesondere bei mobiler Arbeit eine erhöhte Verantwortung dafür, dass die ihnen übergebenen Daten und Informationen gegen unberechtigte Zugriffe hinreichend geschützt sind. Kommen die Beschäftigten dieser Verpflichtung schuldhaft nicht nach, kann sie im Verlustfall möglicherweise eine persönliche Haftung treffen (Deutscher Bundestag 2017).

Welche konkreten Verhaltensregeln für die Beschäftigten können sinnvoll sein?

- Sämtliche Endgeräte wie Notebooks oder Mobiltelefone dürfen niemals unbeaufsichtigt liegen gelassen werden.
- Die Nutzung öffentlicher WLAN-Verbindungen ist untersagt.
- Es dürfen nur von der IT-Abteilung vergebene Passwörter verwendet werden. Eine eigenständige Änderung ist nicht gestattet.
- Sensible Personendaten (z. B. Protokolle von Personalgesprächen) dürfen niemals auf den Geräten gespeichert werden.
- Das Installieren von Software ist nur von vertrauenswürdigen Quellen (definieren!) gestattet.
- Alle geräteseitigen Optionen zum Datenschutz/zur Datensicherheit, wie z. B. die Funktion der Datenlöschung auf dem Gerät nach einem Diebstahl, sind zu aktivieren.
- Bei der Nutzung von Notebooks in der Öffentlichkeit ist eine entsprechende Sichtschutzfolie anzubringen.

Grundsätzlich müssen sich die Unternehmen der höheren Sicherheitsrisiken bei Anwendung mobiler Technologien bewusst sein und gezielt Maßnahmen in den Bereichen Datenschutz und Datensicherheit implementieren. Dabei geht es sowohl um den Schutz personenbezogener Daten als auch um die Sicherung betrieblicher Daten vor dem unberechtigten Zugriff Dritter (Deutscher Bundestag 2017).

Sofern im Rahmen von mobiler Arbeit ein Umgang mit personenbezogenen Daten infrage kommt, sind insbesondere neben dem Grundgesetz auch die Regelungen des Bundesdatenschutzgesetzes (BDSG) von Bedeutung. Zudem regelt seit Mai 2018 die neue unmittelbar geltende EU-Datenschutz-Grundverordnung (DSGVO), wann, wie und unter welchen Bedingungen die Unternehmen die Daten ihrer Beschäftigten speichern, verwenden oder an Dritte weitergeben dürfen.

Literatur

cleanpng (2020) Computer-Network-Cloud-Computing. https://www.cleanpng.com/png-computer-network-cloud-computing-virtual-private-n-3619467/preview.html. Zugegriffen: 15. Juni 2020.

Deutscher Bundestag (2017). Telearbeit und Mobiles Arbeiten. Voraussetzungen, Merkmale und rechtliche Rahmenbedingungen. https://www.bundestag.de/resource/blob/516470/3a2134679f90bd45dc12dbef26049977/WD-6-149-16-pdf-data.pdf. Zugegriffen: 17. Mai 2020

Frehner M (2018) WhatsApp und DSGVO: Das gilt rechtlich beim Datenschutz. https://www.deutsche-handwerks-zeitung.de/whatsapp-betrieblich-nutzen-was-beim-datenschutz-wirklich-gilt/150/3101/363865. Zugegriffen: 31. März 2020

Hammermann A, Stettes O (2017) Mobiles Arbeiten in Deutschland und Europa. Eine Auswertung auf Basis des European Working Conditions Survey 2015. IW Medien GmbH, Köln

Hommes J (2013) Mobile Device Management: Konzepte für das Einbinden von mobilen Endgeräten in bestehende IT-Infrastrukturen. Masterarbeit. Grin-Verlag, München

IDC (2017) IDC Studie Mobile Security in Deutschland 2017. https://www.itsicherheit-online.com/news/idc-studie-mobile-security-in-deutschland-2017 . Zugegriffen: 15. Juni 2020

Schwenke T (2020) DSGVO-sicher? Videokonferenzen, Onlinemeetings und Webinare. https://datenschutz-generator.de/dsgvo-video-konferenzen-online-meeting/. Zugegriffen: 25. Mai 2020

TBS NRW (2017) Technologieberatungsstelle beim DGB NRW e. V. Mobile Arbeit, computing anywhere...Neue Formen der Arbeit gestalten! https://www.tbs-nrw.de/fileadmin/Shop/Broschuren_PDF/Mobile_Arbeit.pdf. Zugegriffen: 25. Mai 2020

Mensch

4

Nora Johanna Schüth und Catharina Stahn

Inhaltsverzeichnis

Für das Arbeiten an unterschiedlichen Orten und zu flexiblen Zeiten ist es wichtig, die Beschäftigten und Führungskräfte rechtzeitig auf diese Art der (Zusammen-)Arbeit vorzubereiten und zu qualifizieren. Das Arbeiten an unterschiedlichen Orten zu flexiblen Zeiten hat zur Folge, dass die Beschäftigten ihren Arbeitstag eigenständig und selbstgesteuert planen und organisieren (müssen). Insbesondere die Fähigkeit zur verantwortungsvollen Selbstorganisation, Eigenverantwortung und Selbstdisziplin, um den Arbeitsalltag in räumlicher und zeitlicher Hinsicht unter Beachtung arbeitsschutzrechtlicher Standards zu strukturieren und ein passendes Verhältnis von Beruf und Privatleben zu schaffen, gehören zu den wichtigsten Aspekten der mobilen Arbeit.

Insofern ist bei der Einführung und Gestaltung mobiler Arbeit darauf zu achten, dass Beschäftigte wie Führungskräfte rechtzeitig vorbereitet werden und lernen, mit mobilen Endgeräten, PC, Notebook, Internet usw. verantwortungsvoll umzugehen. Dazu gehört auch die ergonomische Gestaltung der Arbeitsmittel sowie der Arbeitsumgebung.

Denn die für mobile Arbeit erforderlichen persönlichen Kompetenzen sind nicht bei jedem Beschäftigten vorhanden und müssen gegebenenfalls erlernt werden. Es gibt zahlreiche Beispiele aus der Unternehmenspraxis: Unternehmen wie zum Beispiel IBM Deutschland GmbH, die Deutsche Telekom AG, Audi AG und BMW AG bieten ihren Beschäftigten Informations- und Qualifizierungsmaßnahmen und Präsenzschulungen wie „Eigenständiges mobiles Arbeiten“, „Agiles Arbeiten“, „Life Balancing“, „Datensicherheit“ usw. an. Zudem werden in diversen internen und externen Workshops Erfahrungen ausgetauscht, Handlungsfelder identifiziert und gemeinsame Lösungsansätze entwickelt. Zudem darf bezweifelt werden, ob (selbst bei einem berechtigten Wunsch) alle Beschäftigten für mobile Arbeit geeignet sind bzw. mobile Arbeit für alle Beschäftigten eine passende Lösung darstellt.

4.1 Anforderungen an die Führung

Bei einer zeitlich und räumlich flexiblen Arbeitsgestaltung müssen sich nicht nur die Beschäftigten, sondern auch die Führungskräfte auf eine veränderte Führungssituation einstellen (DGUV 2016). Hierfür sind Kompetenzen erforderlich, die ggf. für die reine Präsenzarbeit nicht oder nicht in dem Ausmaß erforderlich waren und erst gelernt werden müssen. Dabei wird eine der wichtigsten Aufgaben der Führungskraft darin bestehen, den Beschäftigten als Coach zur Verfügung zu stehen, damit sie selbstständig und eigenverantwortlich arbeiten und ihre Ziele erreichen (Schüth 2018). Die Notwendigkeit, dass die Beschäftigten zukünftig selbstständiger arbeiten, führt dazu, dass klare Zielvereinbarungen existieren müssen. Bei diesem Ansatz wird die Selbstorganisationsfähigkeit der Einzelnen im Mittelpunkt stehen, welche durch die Führungskraft gefördert und gestärkt

N. J. Schüth · C. Stahn (✉)
ifaa – Institut für angewandte Arbeitswissenschaft e. V., Düsseldorf, Deutschland
E-Mail: c.stahn@ifaa-mail.de

N. J. Schüth
E-Mail: n.j.schueth@ifaa-mail.de

ifaa – Institut für angewandte Arbeitswissenschaft e. V. (Hrsg.), *Ganzheitliche Gestaltung mobiler Arbeit*, ifaa-Edition,
https://doi.org/10.1007/978-3-662-61977-3_4

wird. Gemeinsam Ziele zu vereinbaren und nachzuverfolgen wird für alle Führungsebenen wichtiger. Sobald es sich zeigt, dass die vereinbarten Ziele nicht erreicht werden können, müssen die Führungskräfte in der Lage sein, „aus der Distanz" unterstützend und gezielt einzugreifen. Klassische Führungsmodelle werden dabei zunehmend an ihre Grenzen stoßen und stattdessen werden ziel- und ergebnisorientierte Führungsmodelle an Bedeutung gewinnen, welche die Führung auf Distanz erfolgreich gestalten lassen. Eine wichtige Rolle in diesem Zusammenhang wird vor allem die Führungskraft selbst und die Weiterentwicklung der eigenen Kompetenzen spielen. Gefragt sind – ähnlich wie bei den Beschäftigten – Kommunikations- und Medienkompetenzen, um in flexiblen, virtuellen Arbeitsumgebungen Vertrauen, Mitarbeiterbindung sowie das erforderliche Zusammengehörigkeitsgefühl aufzubauen sowie Sensibilisierung und Vorbildfunktion der Führungskräfte (ebenda).

Führung auf Distanz bedeutet zum Beispiel, nicht weniger zu führen, sondern mit anderen Methoden. Es ist zudem wahrscheinlich, dass die orts- und zeitflexible Ausführung der Tätigkeiten, die eine digitalisierte Kommunikation und Kooperation mit sich bringt, Auswirkungen auf die sozialen Beziehungen zwischen Führungskräften und ihren Beschäftigten haben kann.

Zunächst einmal sollten Führungskräfte und ihre Beschäftigten gemeinsam prüfen, ob sich sowohl Person als auch die Tätigkeit für die mobile Arbeit eignen und ob die dafür erforderlichen innerbetrieblichen Strukturen vorhanden sind (Altun 2019). Ist die Prüfung erfolgt, gilt es, mit den entsprechenden Beschäftigten erforderliche Regelungen und Bedürfnisse auf beiden Seiten zu identifizieren und zu vereinbaren. Folgende Themen sollten in diesem Rahmen bearbeitet werden:

- doppelte Freiwilligkeit
- Arbeitszeit
- Absprachen treffen und einhalten
- Erreichbarkeit und Kommunikationskanäle
- Vertrauen
- Wahrnehmen und Anordnen von Schulungsmaßnahmen

4.1.1 Doppelte Freiwilligkeit

Mobile Arbeit bedarf des freien Willens sowohl vonseiten der Beschäftigten als auch der Führungskräfte – es gibt demnach keinen einseitigen Anspruch auf mobiles Arbeiten und gleichzeitig auch keine Pflicht (Altun 2019).

Können Beschäftigte zu mobiler Arbeit verpflichtet werden?
Es gibt Arbeitsbereiche, die die Ausübung mobiler Arbeit natürlicherweise mit sich bringen, wie zum Beispiel Handwerker, die nach einem Einsatz alle Kundendaten und das Protokoll über verrichtete Arbeiten tabletbasiert direkt an die Firma übermitteln. Für Arbeiten im indirekten Bereich, wie zum Beispiel klassische Bürotätigkeiten, sollten die Führungskräfte insbesondere dahin gehend sensibilisiert werden, dass den Beschäftigten aufgrund des Wunsches oder der Ablehnung bzw. der Beendigung von mobilem Arbeiten keine Nachteile entstehen (Altun 2019). Hier sind dann ggf. Anpassungen des Arbeitszeitreglements und der Zeiterfassung notwendig, wenn Beschäftigte auf Dienstreisen die Reisezeit (beispielsweise auf längeren Zugreisen) nicht für dienstliche Arbeit nutzen (wollen).

4.1.2 Arbeitszeit

In vielen Unternehmen erübrigt sich die Frage danach, wie hoch die Anteile an Präsenzarbeit und Mobilarbeit sind, durch Regelungen, die mobile Arbeit nur dann vorsehen, wenn die Beschäftigten außerhalb des Unternehmens Termine wahrnehmen und dann unterwegs, z. B. im Zug und/oder im Hotel, Aufgaben des Tagesgeschäfts erledigen. Wird mobile Arbeit darüber hinaus auch an Tagen ohne Außentermine resp. Dienstreisen ermöglicht, sind konkrete Regelungen empfehlenswert.

Wie viele Tage in der Woche dürfen die Beschäftigten mobil arbeiten?
Grundsätzlich ist festzuhalten, dass Präsenzzeiten eine wichtige Funktion haben: Sie stärken das Zusammengehörigkeitsgefühl innerhalb des Unternehmens, regen den Austausch untereinander an und bieten Raum für notwendige Face-to-Face-Kommunikation. So manches Gespräch lässt sich eben doch besser führen, wenn neben der Stimme des Gegenübers auch weitere Parameter, wie z. B. die Körperhaltung und/oder der Gesichtsausdruck vom Kommunikationspartner wahrgenommen werden können. Führungskräfte sollten aufgaben- und personenbezogen das richtige Maß einschätzen und mit den Beschäftigten abstimmen. So kann es für einen Beschäftigten, der sehr weit vom Arbeitsort weg wohnt und hauptsächlich Sachbearbeitung ausübt, unnötig sein, zweimal pro Woche präsent zu sein. Dahingegen kann es für einen Beschäftigten, der mit drei weiteren ein Projekt leitet und einen hohen Abstimmungsbedarf – womöglich auch mit anderen Abteilungen – hat, erforderlich

sein, den Großteil einer Arbeitswoche vor Ort zu sein. Haben die Führungskräfte diese Fragen für jeden potenziellen Mobilarbeiter beantwortet, gilt es, Regeln für die Abstimmung zu Ausübung von mobiler Arbeit festzulegen. Diese können beispielhaft sein.

- Mobile Arbeit ist nur möglich, wenn Außentermine durchgeführt werden müssen.
- Mobile Arbeit ist zwei Tage im Voraus mit dem direkten Vorgesetzten abzustimmen (mit Antrag oder formlos) und darf nur in Anspruch genommen werden, wenn keine Termine im Unternehmen die Anwesenheit erfordern.
- Mobile Arbeit ist mit dem direkten Vorgesetzten bei Bedarf abzustimmen, jeder Beschäftigte sollte jedoch möglichst mindestens an einem Tag in der Woche präsent sein.
- Mobile Arbeit ist nur nach vorheriger Erlaubnis durch den direkten Vorgesetzten und ausschließlich für konzeptionelle Arbeit, die eine hohe Konzentration fordert, gestattet.
- Mobile Arbeit ist grundsätzlich gestattet, wenn in Absprache mit anderen Beschäftigten aus der Abteilung sichergestellt werden kann, dass mindestens eine Person aus der Abteilung vor Ort und für Kunden/andere Beschäftigte zu den Geschäftszeiten ansprechbar ist.

Solche Regeln sollten transparent und verständlich an die Beschäftigten kommuniziert und bestenfalls niedergeschrieben im Arbeitszeitreglement festgehalten sein. Dies betrifft auch die Mindestdauer eines Mobilarbeitstages sowie die Erfassung der Arbeitszeit.

Wie erfolgt die Zeiterfassung bei der mobilen Arbeit?
Je nach im Unternehmen vorhandenem Zeiterfassungsmodell kann diese Regelung schnell übertragen werden oder Aufwand erfordern. Ist im Unternehmen Vertrauensarbeitszeit vereinbart worden, entfällt die schriftliche Notation bzw. das Stempeln zur Erfassung von Arbeits- und Pausenzeiten natürlich. Werden die geleisteten Arbeitszeiten von Beschäftigten von diesen selbst auf Vertrauensbasis zum Beispiel in eine Excel-Tabelle im Sinne eines Arbeitszeitkontos eingetragen, kann auch dies mobil erledigt werden. Lediglich das Stempeln erfordert bei Mobilarbeit dann einen gewissen Aufwand: Führungskräfte sollten mit ihren Beschäftigten eine gangbare Methode vereinbaren, wie beispielsweise das Eintragen der Arbeitszeit in eine auf dem PC/Server liegenden Liste: Deren Daten können dann einmal monatlich von der Personaladministration in die entsprechende Datei für die Abrechnung übertragen werden.

Je nach Methode kommt der Führungskraft in beiden Fällen die Aufgabe zu, selbst Vorbild zu sein, ihren Beschäftigten das notwendige Vertrauen entgegenzubringen und an ihre Eigenverantwortung zu appellieren. Besteht der begründete Verdacht des Missbrauchs, sind nach Gesprächen und Ursachenforschung in letzter Konsequenz arbeitsrechtliche Schritte notwendig.

Für eine detaillierte Beschreibung der Arbeitszeitmodelle und -instrumente s. dazu Kap. 2 in diesem Buch.

4.1.3 Absprachen treffen und einhalten

Besonders auf Distanz müssen sich Beschäftigte und Führungskräfte auf einheitliche Regelungen einigen, damit eine verlässliche Zusammenarbeit gewährleistet ist.

Die Funktionsweisen der Applikationen, zum Beispiel zur mobilen Nutzung des E-Mail-Postfachs, Kalendersynchronisierung, Gruppenkalenderansicht etc., die von den Beschäftigten genutzt werden, sollten auch Führungskräften bekannt sein. Ferner sind seitens der Führungskräfte Vereinbarungen mit ihren Beschäftigten darüber zu treffen, in welcher Form von ihnen Gebrauch gemacht wird bzw. werden muss. Zum Beispiel:

- Einladungen zu Terminen/Besprechungen werden ausschließlich über die Kalenderfunktion an den Teilnehmerkreis geschickt und nicht über private Messenger-Dienste, um auch von unterwegs jedem zu ermöglichen, geplante Termine einzusehen.
- Sofern Dokumente, die originär auf dem Server liegen, zum Beispiel aufgrund fehlender VPN-Verbindung auf der Festplatte gespeichert und dort bearbeitet wurden, sind diejenigen Personen zu benachrichtigen, die außerdem an diesen Dokumenten arbeiten.
- Ist unterwegs kein Zugriff auf E-Mails oder den Server möglich, sollte der Systemadministrator, und bei Bedarf der direkte Vorgesetzte, umgehend benachrichtigt werden, damit dringende Informationen dann über andere Wege zugestellt werden können.

Für alle Betriebssysteme und andere Software werden seitens der Entwickler regelmäßig Updates zur Verfügung gestellt. Führungskräfte müssen ihre Beschäftigten dahin gehend unterweisen, diese bei Erscheinen durchzuführen und sich ggf. an den Systemadministrator zu wenden, sollten hierbei Probleme entstehen.

4.1.4 Erreichbarkeit und Kommunikationskanäle

Grundsätzlich sollte die Erreichbarkeit von Beschäftigten und Führungskräften für Kunden, Geschäftspartner und Kollegen sichergestellt sein (außer während Terminen). Hierzu sollten Führungskräfte festlegen, welche Vorkehrungen hierfür getroffen werden müssen. Diese werden im Folgenden dargestellt:

Zu welchen Uhrzeiten müssen die Beschäftigten mobil erreichbar sein?
Um Unsicherheiten und Verwirrungen zu vermeiden, empfiehlt es sich, dasjenige Arbeitszeitmodell für die Mobilarbeit gelten zu lassen, welches auch für die Präsenzzeit im Unternehmen gilt (eine Übersicht über verschiedene Arbeitszeitmodelle gibt Abschn. 2.2 in diesem Buch). Neben vereinbarten Regeln, wie die Möglichkeit zur Nutzung einer Gleitzeit bei geltenden Kernarbeitszeiten, sind insbesondere die Geschäftszeiten des Unternehmens zu beachten. Die Zeiten der digitalen arbeitsbezogenen Erreichbarkeit sollten betrieblich geregelt sein. In welchen Fällen die Erreichbarkeit unumgänglich ist, muss von Führungskräften klar kommuniziert werden. Gegebenenfalls können auch Ausnahmeregelungen getroffen werden und manchmal sogar erforderlich sein: Kehrt ein Beschäftigter nach einer Dienstreise erst spät nach Hause zurück, müssen Führungskräfte mit darauf Acht geben, dass die erforderliche Ruhezeit von elf Stunden vor dem Beginn einer neuen täglichen Arbeitszeit (§ 5 (1) ArbZG) eingehalten wird. Abweichende Ausnahmen und Regelungen durch Tarifverträge sind hier möglich. Gerade bei vielen Mobilarbeitern in einem Team kann es herausfordernd sein, darüber den Überblick zu behalten. Auch für diesen Fall ist es daher wichtig, die Beschäftigten im Sinne eigenverantwortlichen Handelns zu sensibilisieren.

Des Weiteren sind Beschäftigte und andere Führungskräfte dazu anzuhalten, mobil Arbeitende nach Ende der Geschäftszeit (Arbeitszeitreglement) nicht mehr telefonisch zu kontaktieren bzw. eine Nichtreaktion Letzterer, auch auf E-Mails, nicht zu sanktionieren.

Falls Beschäftigte häufig hochkonzentriert konzeptionell arbeiten müssen und Störungen unerwünscht sind, können Führungskräfte gemeinsam mit den Beschäftigten ihres Teams einen Zeitraum festlegen, in dem Beschäftigte die Möglichkeit haben, E-Mail-Programme zu schließen und das Telefon abzustellen. Sogenannte „Monotasking-Zeiten“ und die damit einhergehende vorübergehende Nichterreichbarkeit müssen jedoch im Vorhinein abgesprochen werden.

Über welche Kommunikationskanäle werden welche Informationen bereitgestellt?
Den Rahmen für den Austausch von tätigkeitsbezogenen Sachverhalten, informeller Kommunikation oder Informationen abzustecken, die mehrere Personen betreffen, ist ebenso Aufgabe der Führung. Vor Ort im Unternehmen bieten sich Führungskräften und Beschäftigten für die interne wie externe Kommunikation verschiedene Kanäle (z. B. E-Mail, Telefon, Post) an. Um Unsicherheiten und Fehler zu vermeiden, sollten die betrieblichen Kommunikationsregeln (welche Kommunikationsinstrumente für welche Zwecke benutzt werden sollen) für die Zustellung von Informationen während der mobilen Arbeit ebenso laufen, wenn möglich. Etwaige Abweichungen müssen von den Führungskräften dann ggf. rechtzeitig kommuniziert werden, damit der Empfang und das Senden für beide Seiten sichergestellt sind.

Die Einhaltung dieser und anderer Absprachen sollten von allen Führungskräften vorgelebt werden. Es ist empfehlenswert, dass sämtliche getroffene Regelungen für alle Beschäftigten gelten, um einem etwaigen Gefühl der Ungerechtigkeit vorzubeugen.

Hinweise von der Führungskraft hinsichtlich einheitlicher Regelungen für den Umgang mit E-Mails („E-Mail-Policy“) sollten an alle Beschäftigten kommuniziert werden. Sie gelten sowohl für die Mobilarbeit als auch für die Arbeit im Unternehmen vor Ort. Bei Nichteinhaltung sind die Beschäftigten daran zu erinnern.

Beispiele für E-Mail-Policy (nach Altun 2016):

- aussagekräftige Betreffzeile
- kurze statt lange E-Mails
- sparsame Verwendung der „CC-Funktion“ (sie soll ausschließlich dazu dienen, Dritten eine Information zu geben, ohne dass eine Handlung von ihnen erwartet wird)
- interne Regelung zum richtigen Zeitpunkt des Versands wählen (Ist E-Mail-Versand am Wochenende oder nach 20:00 Uhr akzeptiert?)

E-Mails sollten nur für den Nachrichtenaustausch und nicht für die interne Problembewältigung, zum Beispiel von Konflikten, genutzt werden.

4.1.5 Vertrauen

Bei der Führung mehrerer Mobilarbeiter oder bei der regelmäßigen/dauerhaften Führung auf Distanz gewinnt vermehrt das Vertrauen in die Beschäftigten an Bedeutung: Denn Führungskräfte sind aus der Entfernung nicht gänzlich dazu in der Lage, einen Überblick über alle Vorkommnisse zu haben und diese kontrollieren zu können.

Vertrauensaufbau
Als besondere Herausforderung könnte sich daher der Aufbau des eigenen Vertrauens in die Beschäftigten darstellen. Eine bereits gut etablierte und gelebte Vertrauenskultur im Unternehmen kann die weitere Vertrauensarbeit natürlich begünstigen. Ausgehend vom Drei-Phasen-Modell von Petermann (2013) müssen diejenigen Kompetenzen von Führungskräften gestärkt werden, die für den Vertrauensaufbau essenziell sind:

- die Fähigkeit zur Perspektivübernahme, um wechselseitiges Verständnis für die Situation des Gegenübers sicherzustellen,
- die Fähigkeit, Transparenz herzustellen sowie
- die Fähigkeit zum Entschluss, Vertrauen zu schenken, was sich letztlich in der Bereitschaft zur Übertragung von Verantwortung zeigt.

Zweierlei ist nach Petermann (2013) für die Vertrauensbildung zentral:

- Einfühlungsvermögen (in die vertrauensnehmenden Personen – in diesem Fall in die Beschäftigten)
- Selbstwirksamkeit (der vertrauensgebenden Personen – in diesem Fall den Führungskräften)

Für die gezielte Förderung des Einfühlungsvermögens sind der direkte Kontakt und Umgang mit den Beschäftigten hilfreich, da Signale wie zum Beispiel deren Mimik, Gestik oder Körperhaltung die Bewertung des eigenen Verhaltens (misstrauisch oder vertrauensvoll) unterstützen (vgl. Frey und Bierhoff 2012, zit. n. Petermann 2013). Ein Training der gezielten Aufmerksamkeitszuwendung kann Führungskräften Sicherheit verleihen und somit das Entgegenbringen von Vertrauen erleichtern: Denn das Aufdecken und Entziffern dieser Signale gibt Anhaltspunkte für die Zuverlässigkeit und Berechenbarkeit der Interaktionspartner (ebenda). Daher empfiehlt es sich für Führungskräfte, (natürlich auch generell) gezielt gemeinsame Gespräche unter vier Augen und zusammen mit dem Team zu führen, wenn die Mobilarbeiter im Unternehmen vor Ort sind. Aber auch in der Distanz bleibt neben dem Kontakt über E-Mail auch das Telefon ein wichtiges Instrument für einen persönlicheren Kontakt. Neben rein dienstlichen Informationen und der Absprache von Aufgaben kann das Gespräch gut für den informellen Austausch und die Beziehungspflege genutzt werden. Fragen nach dem Befinden und zur Bewältigung anstehender Aufgaben und vorhandener Ressourcen werden im persönlichen Gespräch in der Regel ehrlicher (realistischer) beantwortet als schriftlich.

Das Bewusstsein über eigene Schwächen und eine realistische Einschätzung der eigenen Kompetenzen fördert das Selbstwirksamkeitserleben von Führungskräften wie auch von Beschäftigten. Führungskräfte sollten daher über ihre Kompetenzen reflektieren, sie bewahren oder gegebenenfalls ausbauen. Denn: Vertrauen hängt maßgeblich von der Intensität des empfundenen eigenen Kompetenzgefühls (= Selbstvertrauen) ab.

Hier kann auch bei den Beschäftigten angesetzt werden, mögliche Schwächen ihrer Führungskraft oder die teilweise fehlende Möglichkeit zur Kontrolle nicht auszunutzen und vertrauensbildendes Verhalten an den Tag zu legen.

Wichtig für den Vertrauensaufbau aufseiten der Beschäftigten ist zudem, dass Führungskräfte ihnen gegenüber signalisieren, dass sie auch aus der Distanz ansprechbar und für ihre Belange verfügbar sind. Dies gilt es, regelmäßig zu kommunizieren. Zudem signalisieren eine schnelle Reaktionszeit auf E-Mails, zeitnahe Rückrufe sowie eine entsprechende Kennzeichnung im Chat („verfügbar") die Ansprechbarkeit von Führungskräften.

Unternehmenskultur

Vertrauen ist zudem eine Frage der Kultur. Grundlage des orts- und zeitflexiblen Arbeitens ist eine Unternehmenskultur, die einen respektvollen und offenen Umgang mit dem Thema zulässt, sowie die für mobiles Arbeiten notwendigen Voraussetzungen und Strukturen schafft. Denn mobiles Arbeiten mit freier Zeit- und Ortswahl benötigt

- klare Strukturen,
- verbindliche Absprachen,
- Planbarkeit,
- technische Infrastrukturen sowie
- geänderte Kompetenzen für Führungskräfte und Beschäftigte.

Nur so können betriebswirtschaftliche Vorteile und die Bedürfnisse der Beschäftigten in Einklang gebracht werden.

Unter einer Kultur versteht man „die Summe aller gemeinsamen, selbstverständlichen Annahmen, die eine Gruppe (z. B. ein Unternehmen) in ihrer Geschichte erlernt hat" (Schein 2003, S. 44). Dabei kann es sich um niedergeschriebene offiziell geltende Regeln und Vereinbarungen handeln, aber auch um Werte, Normen und unausgesprochene gemeinsame Annahmen. Die Unternehmenskultur prägt somit das Verhalten aller Beschäftigten und Führungskräfte und ist damit für eine gelungene Umsetzung von Unternehmenszielen, Visionen und Strategien bedeutsam. Sie ist zwar keine Kennzahl, die direkt gemessen werden kann – doch wirkt sie sich maßgeblich auf den Erfolg des Unternehmens und seine direkt messbaren Kennzahlen aus. Dabei wirken folgende Merkmale der Kultur positiv:

- Beschäftigten Vertrauen entgegenbringen
- Verantwortung dezentralisieren und Beschäftigte zu eigenverantwortlichem Arbeiten befähigen
- interne und externe offene Kommunikationsstruktur
- Bereitschaft zu Innovation, aus Fehlern lernen
- Kundenorientierung

Wie können Beschäftigte zu eigenständigem und eigenverantwortlichem Verhalten befähigt werden?

Aus dem notwendigen Vertrauen, das Führungskräfte ihren Beschäftigten entgegenbringen, erwächst die Befähigung letzterer zu eigenständigem und eigenverantwortlichem Verhalten. Dabei sollten Führungskräfte selbst Vorbild sein und ein Verhalten an den Tag legen, das die Beschäftigten ermutigt, selbstständiger zu agieren (nach Ottersböck et al. 2019):

- Offener Umgang mit Fehlern: Dürfen Fehler gemacht werden, ist die Bereitschaft zu eigenständigem Verhalten höher, da keine Sanktionen befürchtet werden.
- Ansprechbarkeit von Führungskräften: Die grundsätzliche Ansprechbarkeit von Führungskräften vermittelt Sicherheit.
- Bereitstellung aller notwendigen Informationen: Führungskräfte sollten sich gerade bei mobiler Arbeit mit ihren Beschäftigten regelmäßig über benötigte Informationen austauschen, damit diese in ihrer jeweils aktuellen Fassung von der Führungskraft bereitgestellt werden können.
- Klare Rollenverteilung: Die Definition aller Rollen im Team und ggf. ihre Revisionen ist nach Maßgabe der Führungskraft in Abhängigkeit der Aufgaben stets klar an das Team zu kommunizieren, damit die Beschäftigten auch in Abwesenheit handlungsfähig sind.
- Anhalten zur Erkundung neuer Arbeitsfelder: Führungskräfte können regelmäßig zu bereichsübergreifenden Diskussionen anregen, um eigenständiges Verhalten zu fördern und „Betriebsblindheit" vorzubeugen.
- Nach zeitlichen Ressourcen der Beschäftigten für ihre Aufgaben fragen: Führungskräfte sollten sich regelmäßig mit ihren Beschäftigten/dem Team über die Verteilung von Aufgaben austauschen und bei mangelnden Ressourcen oder anderen betrieblichen Prioritäten auch ein „Nein" akzeptieren.
- Den Beschäftigten Vertrauen signalisieren: Führungskräfte können den Beschäftigten ihr Vertrauen zeigen, indem sie zum Beispiel nicht täglich den Projektfortschritt kontrollieren oder nicht häufiger als notwendig anrufen.
- Offenheit für neue Ideen und Verbesserungsvorschläge: Eine Ablehnung von Vorschlägen ohne Begründung kann zur Folge haben, dass Beschäftigte künftig keine neuen Ideen mehr äußern.

Besonders Ideen der Beschäftigten zur gewünschten Ausgestaltung von mobiler Arbeit können von hoher Bedeutung sein. Daher ist es wichtig, alle von der Mobilarbeit betroffenen Beschäftigten bei Neueinführung frühzeitig in den Gestaltungsprozess einzubeziehen. Nach erfolgreicher Implementierung empfiehlt es sich, im Sinne des kontinuierlichen Verbesserungsprozesses (KVP), Beschäftigte nach notwendigen Nachjustierungen zu fragen und den KVP anzuregen. Dies gilt auch besonders für neue Beschäftigte, die ggf. wichtiges Erfahrungswissen und/oder neue Ideen zur Optimierung mitbringen.

4.1.6 Wahrnehmen und Anordnen von Schulungsmaßnahmen

Wird Mobilarbeit im Unternehmen neu eingeführt, sind einheitliche Schulungen sowie Informations- und Sensibilisierungsveranstaltungen für alle Mobilarbeiter und Führungskräfte ratsam. Sie informieren die Beschäftigten über unternehmensweite Regeln und Richtlinien, den Umgang mit der Technik sowie zu Themen des Arbeits- und Gesundheitsschutzes (s. dazu Kap. 1 in diesem Buch).

Welche Schulungen sind für Führungskräfte zu empfehlen?
Es ist ratsam, spezielle Schulungen zur Organisation und Gestaltung von Mobilarbeit für Führungskräfte wahrzunehmen. Inhalte können hier sein:

- Arbeitsrecht, Arbeitsschutz, Schutz von Unternehmensdaten, DSGVO (Datenschutz-Grundverordnung),
- Vorbildfunktion, Selbstdisziplin, Selbstmanagement, Zeitmanagement, Reflexion des eigenen Verhaltens,
- Leistungs- und Verhaltenskontrolle,
- Kommunikation und Zusammenarbeit, Lösung von Konflikten auf Distanz,
- Technikeinsatz, Umgang mit Störungen.

Zudem kann das Unternehmen Faktenblätter für alle Beschäftigten und Führungskräfte mit den wichtigsten geltenden Regelungen herausgeben. Im Zweifel bieten sie eine Orientierung für eigenständiges Verhalten.

Welchen Schulungsbedarf haben die eigenen Beschäftigten?
Zunächst einmal müssen Führungskräfte prüfen, welche Beschäftigten sich für die Mobilarbeit eignen, ob sie über die für Mobilarbeit erforderlichen Kompetenzen verfügen und ob die Beschäftigten überhaupt mobil arbeiten wollen (s. o.). Zur Analyse des Kompetenzbedarfs empfiehlt es sich im nächsten Schritt, die Beschäftigten nach ihrem arbeitsbezogenen Bedarf an weiteren Schulungen (z. B. für bestimmte Software wie MS Teams oder zur Programmierung) zu fragen. Zu welchen Themen müssten sie aus Sicht der Führungskraft eine Weiterbildung erhalten? Welche Unsicherheiten haben die Beschäftigten in Bezug auf Mobilarbeit? Führungskräften kommt hier die Aufgabe zu, die Bedarfe zu erkennen, die Vorschläge der Beschäftigten

einzuschätzen und darauf basierend passende Weiterbildungsmaßnahmen auszuwählen. Hierbei kann es sich nicht nur um den technischen Umgang mit Hard- und Software handeln, sondern auch um Themen wie Zeitmanagement oder digitale Kommunikation. Kompetenz- und Aufgabenprofile helfen Führungskräften bei der Auswahl entsprechender Personalentwicklungsmaßnahmen.

Nach Durchführung der Schulungen gilt es, das erworbene Wissen auf dem neuesten Stand zu halten. Dies betrifft vor allem Änderungen geltender Gesetze und den Umgang mit Neuerungen der Technik: Hier sind Führungskräfte dazu aufgefordert, beschlossene Standards im Unternehmen an die Beschäftigten zeitnah weiterzugeben und durchzusetzen (umzusetzen).

Auch auf etwaige Unsicherheiten aufseiten der Beschäftigten sollten Führungskräfte offen reagieren, gemeinsam mit ihren Beschäftigten nach Lösungen suchen und ihre Unterstützung anbieten.

4.2 Eignung und Kompetenzen von Beschäftigten

Nachdem im vorangegangenen Kapitel beschrieben wurde, welche Kompetenzen, Fähigkeiten und Ressourcen für Führungskräfte vor dem Hintergrund mobiler Arbeit sinnvoll und erforderlich sind, wird im folgenden Kapitel dieser Frage mit Fokus auf die Beschäftigten nachgegangen. Mobile Arbeit stellt neue Anforderungen an die Kompetenzen und Qualifikationen der Beschäftigten. Um sie bedarfsgerecht zu qualifizieren, ist Wissen über die benötigten Kompetenzen für mobiles Arbeiten erforderlich. Laut einer von der Deutschen Gesellschaft für Personalführung (DGFP) in Auftrag gegebenen Studie sind sich 78 % der Befragten sicher, dass die Selbstkompetenzen wichtiger werden. Dazu gehören nach DGFP (2016) zum Beispiel

- Selbstorganisation,
- Kommunikations- und Medienkompetenzen,
- Eigenschaften wie Selbstständigkeit, Flexibilität, Verantwortungs- und Leistungsbereitschaft,
- Zuverlässigkeit.

Es gilt, die Beschäftigten zunächst adäquat auf die neue Situation vorzubereiten (Qualifizierung) und ggf. „Probezeiten" zu vereinbaren, in denen sowohl die Beschäftigten als auch die Betriebe überprüfen können, ob die getroffene Regelung einen Vorteil für beide Seiten darstellt. Schwierigkeiten sollten erörtert werden und – soweit möglich – im Rahmen von Qualifizierungen oder betrieblichen Maßnahmen gelöst werden. Können Probleme trotz der Anstrengungen aller Beteiligten nicht zufriedenstellend gelöst werden, müssen die Beteiligten ggf. zu dem Schluss kommen, dass mobile Arbeit für bestimmte Personen nicht die richtige Arbeitsform ist, da die Personen die an sie gestellten Anforderungen und Erwartungen nicht erfüllen (können).

4.2.1 Beitrag der Beschäftigten für die erfolgreiche Umsetzung mobiler Arbeit

Wenn der klassische Nine-to-five-Job an einem festgelegten Arbeitsort nicht mehr greift, ist es an jedem Einzelnen, Verantwortung für die eigene Gesundheit und Leistungsfähigkeit zu übernehmen. Beschäftigte können dies tun, indem sie zum Beispiel auf die Einhaltung von Pausen achten, Entspannungs- und Bewegungseinheiten als Ausgleich in den Arbeitsalltag einbauen und bewusst für Erholung sorgen.

Welche Kompetenzen sind für mobiles Arbeiten wichtig?
Reduziert sich der mit physischer Anwesenheit verbundene Austausch zwischen Beschäftigten und Führungskraft, müssen andere Mechanismen und Kompetenzen greifen, die dazu beitragen, dass

- der Kommunikationsfluss aufrechterhalten wird,
- die vereinbarten Arbeitsaufgaben erledigt werden,
- den Beschäftigten die für ihre Aufgabenerfüllung nötige Handlungssicherheit vermittelt wird,
- nicht dauerhaft über die eigenen Leistungsgrenzen gearbeitet wird,
- die Beziehung zu den Kollegen weiter gepflegt wird,
- die Beziehung zur Führungskraft aufrechterhalten und das von ihr entgegengebrachte Vertrauen bestätigt wird.

Beschäftigte können darüber hinaus zu gelungener mobiler Arbeit beitragen, indem sie

- aktiv auf ihre Führungskraft und die Kollegen zugehen, um einen (persönlichen oder virtuellen) Austausch anzuregen
- ihre Arbeitsaufgaben bzw. Ziele realistisch planen,
- ihre Ziele konsequent verfolgen,
- ihrer Führungskraft zuverlässig Rückmeldung über den Arbeitsstand und mögliche Schwierigkeiten geben, um ihren Teil für ein gelungenes Vertrauensverhältnis beizutragen (s. dazu Abschn. 4.1.5 in diesem Buch)

Eigenverantwortung
Das Thema Eigenverantwortung nimmt eine prominente Bedeutung ein, wenn verstärkt orts- und zeitflexibel gearbeitet wird. Zum einen sind Beschäftigte stärker gefordert, die Erreichung vereinbarter Ziele aus eigenem Antrieb her-

aus zu verfolgen und ihre Arbeit eigenständig zu organisieren. Zum anderen müssen sie die Experten für das eigene Wohlbefinden und die Aufrechterhaltung ihrer Leistungsfähigkeit sein bzw. werden. Das bedeutet auch, die Verantwortung für Gesundheit und Leistungsfähigkeit nicht passiv in die Hände des Arbeitgebers zu legen, sondern selbst dafür Sorge zu tragen.

Arbeitgeber müssen wiederum für die passenden Rahmenbedingungen sorgen, damit eigenverantwortliches Verhalten gelingt. Führungskräften kommt hierbei eine wichtige Rolle zu, indem sie ihren Beschäftigten das passende Rüstzeug für die Etablierung bzw. Entwicklung eigenverantwortlichen Verhaltens mitgeben.

Eine ehrliche und offene Kommunikation ist maßgeblich, um die jeweilige Erwartungshaltung zu klären (z. B. zum Thema Erreichbarkeit), aber auch um Hindernisse anzusprechen, die sich im Laufe der mobilen Arbeit ergeben können. Dazu gehört auch, dass die Unternehmenskultur derart gestaltet ist, so dass Ideen zur Verbesserung als gewünschter Beitrag von den Beschäftigten begrüßt werden (Ottersböck et al. 2019).

Warum ist „Abschalten" so wichtig?

Abschalten – ist im wahrsten Sinne des Wortes – in Zeiten des Überangebots von digitalen Medien unabdingbar. Sowohl im privaten als auch im beruflichen Kontext sollte es Zeitfenster geben, in denen Notebook, Tablet und Smartphone ausgeschaltet sind, um zum Beispiel persönliche soziale Kontakte zu pflegen, Hobbys nachzugehen und schlicht das analoge Leben nicht ganz zu vernachlässigen.

Der englische Begriff „Detachement" umschreibt die körperliche und geistige Distanzierung von der Arbeit. Distanzierung ist wichtig, da sie mit Erholung verbunden ist: Wer sich richtig erholt, wirkt den Folgen von tätigkeitsbedingter Beanspruchung entgegen (BAuA 2018).

Wie und für welche Zeitspanne die Erholung gestaltet sein sollte, richtet sich nach Art und Dauer der Belastung. Hält eine Belastung zum Beispiel mehrere Tage an, so reicht ein entspannter Feierabend meist nicht als Ausgleich.

Dabei gilt oft die Devise: Entspannung bringt das, was im Gegensatz zur Arbeitstätigkeit steht. Wer den ganzen Tag im telefonischen Kundenkontakt steht, wird sehr wahrscheinlich einen ruhigen, stillen Feierabend bevorzugen. Wer eine hauptsächlich sitzende Tätigkeit ausübt, wird sich über Bewegung nach der Arbeit freuen (Landesinstitut für Arbeitsgestaltung des Landes Nordrhein-Westfalen 2016).

Wie können Beschäftigte sonst noch zum Erhalt von Gesundheit und Leistungsfähigkeit beitragen?

Mobile Arbeit findet zeit- und ortsunabhängig statt. So greifen auch nicht alle gesetzlichen Schutzmechanismen, wie zum Beispiel die Inhalte der Arbeitsstättenverordnung, die bei reiner Telearbeit zum Tragen kommt. Der Arbeitgeber muss selbstverständlich Unterweisungen und eine Gefährdungsbeurteilung für die mobile Arbeit durchführen und die Beschäftigten befähigen, tätigkeitsbezogene Risiken zu erkennen und entsprechend zu reagieren. Doch Beschäftigte, die mobile Arbeit in Anspruch nehmen, sind verstärkt gefordert, eigenverantwortlich und aktiv einen Beitrag zu ihrer Gesunderhaltung und ihrer Leistungsfähigkeit zu leisten, indem sie zum Beispiel

- regelmäßige Pausen einlegen, um Energie zu tanken und dann konzentriert weiterarbeiten zu können,
- Bewegungseinheiten in den Arbeitsalltag einbauen bzw. Ausgleichsübungen durchführen, um Rücken- und Nackenproblemen vorzubeugen,
- wann immer möglich, ergonomische Arbeitsmittel (Arbeiten über einen Monitor, Tastatur und Maus) verwenden, um Haltungsschäden oder Augenprobleme zu reduzieren,
- spezielle Gegebenheiten bei Dienstreisen berücksichtigen: Arbeitsbedingungen im öffentlichen Raum entsprechen selten den ergonomischen Standards (z. B. Notebook auf den Knien, unergonomisches Sitzmobiliar, wechselnde Lichtverhältnisse) und können zum Beispiel zu Verspannungen im Nacken-Schulter-Bereich führen. Ebenso kann Lärmbelastung in Flughäfen, Bahnhöfen, Zügen usw. die Konzentration und Leistungsfähigkeit sowie Sprachverständigung beeinträchtigen.
- ihre bereits vorhandenen Ressourcen (fachlich, persönlich, sozial) stärken und erweitern,
- auf die Einhaltung gesetzlicher Bestimmungen achten (Arbeitszeitgesetz, Arbeitsschutzgesetz) und
- von ihrer Führungskraft bzw. ihrem Arbeitgeber die gesetzlich vorgeschriebene Fürsorgepflicht einfordern (z. B. Unterweisungen, Gefährdungsbeurteilung).

Verbesserungsvorschläge einbringen

Unabhängig vom Arbeitsort sollten Beschäftigte verinnerlichen, dass das Gefährdungspotenzial von Arbeitsbedingungen, Arbeitsmitteln und Arbeitsumgebungsbedingungen so minimal wie möglich zu halten ist und dass sie – gerade bei mobiler Arbeit – diejenigen sind, die das Geschehen im Blick haben.

Ein erfolgskritischer Faktor ist, dass Beschäftigte ihre Erfahrungen mit mobiler Arbeit weitergeben und zugleich Verbesserungsvorschläge einbringen, zum Beispiel

- wenn sich bestimmte Kommunikationsformen (E-Mail, Telefonat, Videokonferenz, Chats) als weniger geeignet für die Auseinandersetzung mit bestimmten Themen erwiesen haben,

- wenn der Eindruck entsteht, dass häufigere Präsenztermine im Unternehmen sinnvoller wären oder auch,
- wenn sich zeigen sollte, dass eine Weiterbildung zum Thema mobile Arbeit wichtig wäre.

Gerade vor dem Hintergrund, dass bei Einführung mobiler Arbeit noch keine ausreichenden Erfahrungswerte vorliegen, können „Neulinge" vom Input der Erfahrenen profitieren.

Eigeninitiative für Qualifizierung
Neben den aus Sicht des Arbeitgebers notwendigen Qualifizierungsmaßnahmen können die Beschäftigten selbst sehr gut einschätzen, an welcher Stelle sie noch weiteren Bedarf sehen. Weiterbildungen, die im Rahmen von mobiler Arbeit empfehlenswert erscheinen, können neben dem Thema Medienkompetenz beispielsweise Folgendes zum Gegenstand haben:

- die Priorisierung von Aufgaben,
- das Setzen und Einhalten von Zielen,
- gesundheitsbezogene, verhaltenspräventive Themen im Allgemeinen (Stressmanagement, Entspannungstechniken, ergonomische Übungen für den Arbeitsplatz oder das Erlernen von „Detachement"),
- der Umgang mit dem Thema interessierte Selbstgefährdung (Abschn. 4.2.2 in diesem Buch) im Speziellen.

Auch beim Thema Weiterbildung sollten Beschäftigte daher, im Sinne eigenverantwortlichen Verhaltens, ihre Ideen und Bedarfe aktiv einbringen und mit der Führungskraft besprechen.

4.2.2 Selbstüberforderung oder die sogenannte „interessierte Selbstgefährdung"

Wenn die physische Anwesenheit im Unternehmen an Bedeutung verliert, tritt stattdessen häufig das Erreichen gesetzter Ziele als Bewertungsmaßstab für Erfolg in den Vordergrund – weg von der direkten, hin zur indirekten Steuerung. Bei dieser Form der Mitarbeiterführung spielen das Setzen von Zielen über Zielvereinbarungen und ihr Benchmark anhand von Kennzahlen die zentrale Rolle. Die Beschäftigten übernehmen (mehr) Verantwortung zur Zielerreichung und erhalten dazu mehr Freiheiten und Gestaltungsspielräume.

Positive Effekte bestehen in der Stärkung von selbstverantwortlichem und autonomem Arbeiten sowie der erhöhten Identifikation der Beschäftigten mit ihren Aufgaben. Auf der anderen Seite kann die Beurteilung der Leistung nach Zielvereinbarungen dazu beitragen, dass manche Beschäftigte zur Erreichung ihrer Ziele bewusst ihre Gesundheit aufs Spiel setzen, ohne dass Kollegen oder die Führungskraft etwas davon mitbekommen.

Im Extremfall besteht das einzige Ziel darin, die gesetzten Kennzahlen zu erreichen, indem die Beschäftigten zum Beispiel

- Arbeitszeiten ausweiten,
- auf Pausen verzichten,
- am Wochenende arbeiten,
- trotz Krankheit arbeiten,
- Sicherheitsstandards missachten,
- Substanzen zur kognitiven Leistungssteigerung oder zur Erholung nach einem langen Arbeitstag einnehmen,
- Freizeitaktivitäten, Freunde und Familie vernachlässigen.

Solche Verhaltensweisen werden von manchen Autoren als „interessierte Selbstgefährdung" beschrieben (Peters 2011). Vormals ausgeprägtes Engagement und eine große Motivation wandeln sich in Erschöpfung, sodass es im schlimmsten Fall zu krankheitsbedingten Ausfällen kommt (für einen Überblick vgl. Krause et al. 2012, 2015).

Was kann im betrieblichen Kontext unternommen werden, um interessierter Selbstgefährdung vorzubeugen?
Nachdem im eigenen Unternehmen geprüft wurde, ob das Thema interessierte Selbstgefährdung relevant ist (und für welche Abteilungen, Hierarchieebenen es in besonderem Maße zutrifft), sollten Führungskräfte und Beschäftigte aufgeklärt und sensibilisiert werden: Es geht darum, die Wirkung neuer Steuerungsformen und die Wechselwirkung von Steuerung und eigenen Verhaltensweisen zu vermitteln. Beschäftigte sollten so dazu befähigt werden, die möglichen negative Auswirkungen durch ihr eigenes Handeln zu verhindern, indem sie also beispielsweise kritisch hinterfragen, warum sie länger als zehn Stunden arbeiten (Krause et al. 2015).

Darüber hinaus sollten Unternehmen zum Beispiel

- in nachhaltige Maßnahmen zur Gesundheitsförderung investieren und Führungskräfte sowie Beschäftigte qualifizieren,
- Arbeitsbedingungen (Prozesse, Vorgaben, Regelungen etc.) identifizieren und beseitigen, die das eigenverantwortliche Arbeiten behindern. Das Ziel sollte darin bestehen, dass die Beschäftigten ihre Arbeit verstärkt selbst organisieren können.
- Verankerung von Gesundheit im Kennzahlensystem, zum Beispiel durch regelmäßiges Prüfen der vereinbarten Ziele: Sind sie weiterhin realistisch? Haben sich Kontextfaktoren geändert, die berücksichtigt werden müssen?

- betriebliche Leistungsanforderungen und Personalbemessungsgrundlagen hinterfragen, denn Arbeitsverdichtung und Zeitdruck können selbstgefährdendes Verhalten verstärken (vgl. Krause et al. 2015; Monz und Fleischmann 2017).

Literatur

Altun U, Institut für angewandte Arbeitswissenschaft (Hrsg) (2016) Checkliste zur Gestaltung digitaler arbeitsbezogener Erreichbarkeit. ifaa, Düsseldorf

Altun U, Institut für angewandte Arbeitswissenschaft (Hrsg) (2019) Checkliste zur Gestaltung mobiler Arbeit. ifaa, Düsseldorf

Bundesanstalt für Arbeitsschutz und Arbeitsmedizin (BAuA) (Hrsg) (2018) Orts- und zeitflexibles Arbeiten: Gesundheitliche Chancen und Risiken. https://www.baua.de/DE/Angebote/Publikationen/Berichte/Gd92.pdf?__blob=publicationFile&v=9. Zugegriffen: 16. März 2020

Deutsche Gesellschaft für Personalführung e. V. (Hrsg) (2016) Abschlussbericht der Studie „Mobiles Arbeiten". Kompetenzen und Arbeitssysteme entwickeln. https://www.dgfp.de/fileadmin/user_upload/DGFP_e.V/Medien/Publikationen/Studien/Ergebnisbericht-Studie-Mobiles-Arbeiten.pdf. Zugegriffen: 23. März 2020

Deutsche Gesetzliche Unfallversicherung (DGUV) (2016) Neue Formen der Arbeit – Neue Formen der Prävention. DGUV. Berlin

Krause A, Dorsemagen C, Stadlinger J, Baeriswyl S (2012) Indirekte Steuerung und interessierte Selbstgefährdung: Ergebnisse aus Befragungen und Fallstudien. In: Badura B, Ducki A, Schröder H, Klose J, Meyer M (Hrsg) Fehlzeiten-Report 2012: Gesundheit in der flexiblen Arbeitswelt: Chancen nutzen – Risiken minimieren. S 191–202. Springer, Heidelberg

Krause A, Berset M, Peters K (2015) Interessierte Selbstgefährdung – von der direkten zur indirekten Steuerung. Arbeitsmedizin Sozialmedizin Umweltmedizin 03–2015, 164–171. https://www.asu-arbeitsmedizin.com/schwerpunkt/interessierte-selbstgefaehrdung-von-der-direkten-zur-indirekten-steuerung. Zugegriffen: 17. Mai 2020

Landesinstitut für Arbeitsgestaltung des Landes Nordrhein-Westfalen (Hrsg) (2016). Richtig erholen – zufriedener arbeiten – gesünder leben. Erholung und Arbeit im Gleichgewicht. Ein Leitfaden für Beschäftigte. https://www.lia.nrw.de/_media/pdf/service/Publikationen/lia_praxis/LIA_praxis1.pdf. Zugegriffen: 30. März 2020

Monz A, Fleischmann E (2017) Mobile Arbeit und Work Life Balance. In: Breisig T, Grzech-Sukalo H, Vogl G (Hrsg) Mobile Arbeit gesund gestalten – Trendergebnisse aus dem Forschungsprojekt prentimo – präventionsorientierte Gestaltung mobiler Arbeit, S 20–23. https://www.prentimo.de/assets/Uploads/prentimo-Mobile-Arbeit-gesund-gestalten.pdf. Zugegriffen: 17. Mai 2020

Ottersböck N, Frost MC, Stahn C, Institut für angewandte Arbeitswissenschaft (Hrsg) (2019) Checkliste Eigenverantwortung für Leistung und Gesundheit bei der Arbeit. ifaa, Düsseldorf. https://www.arbeitswissenschaft.net/Checkliste_Eigenverantwortung. Zugegriffen: 30. März 2020

Petermann F (2013) Psychologie des Vertrauens. Hogrefe, Göttingen

Peters K (2011) Indirekte Steuerung und interessierte Selbstgefährdung. Eine 180-Grad-Wende bei der betrieblichen Gesundheitsförderung. In: Kratzer N, Dunkel W, Becker K, Hinrichs S (Hrsg) Arbeit und Gesundheit im Konflikt. S 105–122. edition sigma, Berlin

Schein EH (2003) Organisationskultur. EHP – Edition Humanistische Psychologie, Bergisch-Gladbach

Schüth NJ (2018) Anforderungen an Führungskräfte in der Arbeitswelt 4.0 – Kompetenzen von Führungskräften und ihre Entwicklung für eine gesunde und produktive Führung. Masterthesis. Universität Koblenz-Landau

Teil II
Praxis

Das Konzept zur ganzheitlichen Gestaltung mobiler Arbeit

5

Ufuk Altun, Veit Hartmann, Stephan Sandrock,
Nora Johanna Schüth und Catharina Stahn

Inhaltsverzeichnis

Zur systematischen Abbildung einer ganzheitlichen Herangehensweise ist es wichtig, die unterschiedlichen Themen- und Handlungsfelder kennenzulernen, die das Thema mobile Arbeit aufwirft. Vor diesem Hintergrund hat das ifaa – Institut für angewandte Arbeitswissenschaft e. V. ein Rahmenkonzept entwickelt, das die ganzheitliche Gestaltung und Einführung mobiler Arbeit in den Blick nimmt und die Betriebe bei der Einführung mobiler Arbeit unterstützt. Das Konzept wurde erstmals auf der Jahrestagung der Gesellschaft für Arbeitswissenschaft im Jahr 2019 in Dresden im Rahmen einer Posterpräsentation vorgestellt und mittlerweile intensiv mit betrieblichen Entscheidern und ausgewählten Verbandsingenieuren der Metall- und Elektroindustrie diskutiert. Das Konzept beinhaltet vier definierte Schritte, die betriebliche Akteure bei der Einführung mobiler Arbeit unterstützen sollen:

1. „Informations- und Wissensstand der Beteiligten vereinheitlichen“
2. „Handlungsfelder kennen lernen“
3. „Handlungsfelder bearbeiten und Maßnahmen formulieren“
4. „Maßnahmen umsetzen und evaluieren“ (Abb. 5.1)

5.1 Informations- und Wissensstand der Beteiligten vereinheitlichen

Generell lassen sich zunächst einige beispielhafte Leitfragen formulieren, die für die Beschäftigung mit dem Thema mobile Arbeit zu Beginn relevant sind. Diese Leitfragen sollten sich die betrieblichen Akteure, die sich mit dem Thema des orts- und zeitflexiblen Arbeitens beschäftigen, genauer ansehen und beantworten, um eine möglichst gleiche Ausgangsbasis für die weitere (gemeinsame) Arbeit zu haben. Die Fragen können lauten (Auszug):

- Was wollen Unternehmen und Beschäftigte gemeinsam erreichen?
- Welchen Nutzen erwarten Unternehmen und Beschäftigte?
- Wie sehen die betrieblichen Anforderungen aus?
- Wer entscheidet in Absprache mit wem über die konkrete Gestaltung?
- Wie flexibel soll gearbeitet werden und wie viele Tage Mobilarbeit sind maximal (z. B. in der Woche) erlaubt?
- Wie sollen die Gestaltung und Erfassung der Arbeitszeit erfolgen und wie können dabei die Interessen von Unternehmen und Beschäftigten in Einklang gebracht werden?
- Wie sind Arbeitsplätze und Rahmenbedingungen zu gestalten?

U. Altun · V. Hartmann (✉) · S. Sandrock · N. J. Schüth · C. Stahn
ifaa – Institut für angewandte Arbeitswissenschaft e. V.,
Düsseldorf, Deutschland
E-Mail: v.hartmann@ifaa-mail.de

U. Altun
E-Mail: u.altun@ifaa-mail.de

S. Sandrock
E-Mail: s.sandrock@ifaa-mail.de

C. Stahn
E-Mail: c.stahn@ifaa-mail.de

ifaa – Institut für angewandte Arbeitswissenschaft e. V. (Hrsg.), *Ganzheitliche Gestaltung mobiler Arbeit*, ifaa-Edition,
https://doi.org/10.1007/978-3-662-61977-3_5

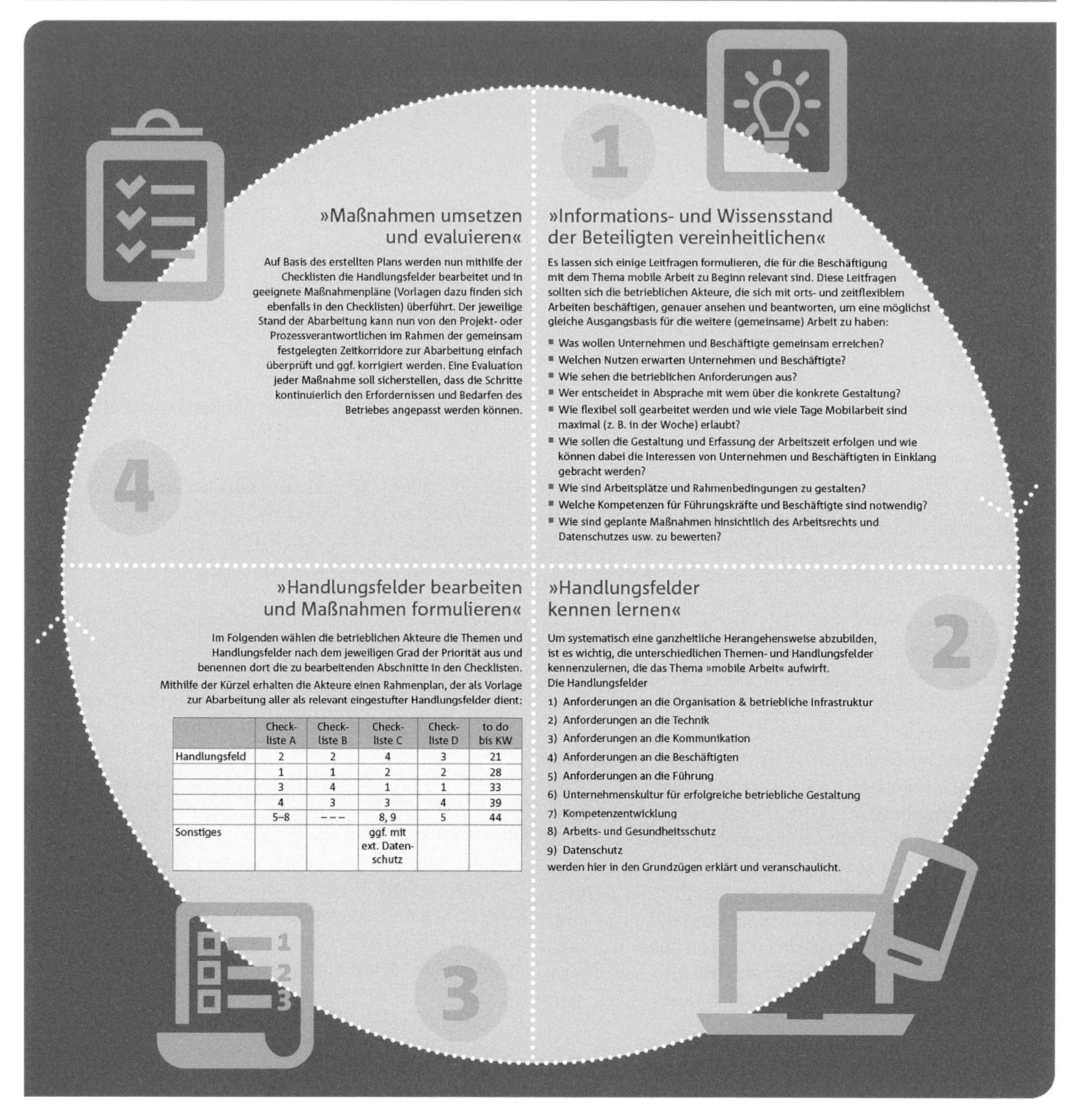

Abb. 5.1 Ganzheitliche Gestaltung mobiler Arbeit. (Eigene Darstellung)

- Welche Kompetenzen für Führungskräfte und Beschäftigte sind notwendig?
- Wie sind geplante Maßnahmen hinsichtlich des Arbeitsrechts und Datenschutzes usw. zu bewerten?

Weitere Fragen ergeben sich im Hinblick auf die jeweils betriebsspezifische Situation.

5.2 Handlungsfelder kennen lernen

Vor der detaillierten Auseinandersetzung mit der Analyse und Einführung mobiler Arbeit sollten sich die betrieblichen Akteure mit exemplarischen Handlungsfelder auseinandersetzen, um die Basis für die inhaltliche Weiterarbeit herzustellen. Die folgenden Themen gilt es, zu bearbeiten:

- Anforderungen an die Organisation & betriebliche Infrastruktur
- Anforderungen an die Technik
- Anforderungen an die Kommunikation
- Anforderungen an die Beschäftigten
- Anforderungen an die Führung
- Unternehmenskultur für erfolgreiche betriebliche Gestaltung
- Kompetenzentwicklung
- Arbeits- und Gesundheitsschutz
- Datenschutz

5.3 Handlungsfelder bearbeiten und Maßnahmen formulieren

Der dritte Schritt beinhaltet die konkrete Ausgestaltung der in Schritt zwei dargestellten Handlungsfelder mithilfe der folgenden Checklisten. Dazu ist es zunächst notwendig, dass die Beteiligten einen „Fahrplan" zur Bearbeitung der Handlungsfelder und Themen vornehmen. Wir empfehlen hier, den Prozess der Bearbeitung in Runden (oder Schleifen) zu organisieren. Die Themen, die für das jeweilige Unternehmen hohe Priorität haben, werden vor den Themen bearbeitet, die eine niedrige Priorität aufweisen.

Die hier vorgestellten Inhalte der ausgewählten Handlungsfelder werden in den vom ifaa – Institut für angewandte Arbeitswissenschaft e. V. erstellten Checklisten abgebildet, die nun die methodische Grundlage für die Weiterarbeit darstellen:

A: „Checkliste zur ergonomischen Bewertung von Tätigkeiten, Arbeitsplätzen, Arbeitsmitteln Arbeitsumgebung" mit den Themenfeldern: A) Produktion, Logistik etc., B) Büro- und Bildschirmarbeit, C) Mobile Arbeitsmittel, D) Softwareergonomie (Sandrock und Niehues 2020).

B: „Checkliste zur Gestaltung digitaler arbeitsbezogener Erreichbarkeit" mit den Themenfeldern: 1) Organisation, 2) Kommunikation, 3) Führung, 4) Beschäftigte (Altun 2016).

C: „Checkliste Eigenverantwortung für Leistung und Gesundheit bei der Arbeit" mit den Themenfeldern: 1) Eigenverantwortliches Handeln der Beschäftigten, 2) Eigenverantwortliches Handeln der Führungskräfte, 3) Eigenverantwortliches Handeln für die Gesundheit, 4) Betriebliche Rahmenbedingungen zur Stärkung von eigenverantwortlichem Handeln (Ottersböck et al. 2019).

D: „Checkliste zur Gestaltung mobiler Arbeit" mit den Handlungsfeldern: 1) Organisation & betriebliche Abläufe, 2) Arbeitszeit, 3) Arbeitsplatz und -ort & Ergonomie, 4) Arbeits- und Datenschutz, 5) Anforderungen an Führungskräfte und Beschäftigte (Altun 2019).

Im Folgenden wählen die betrieblichen Akteure die Themen und Handlungsfelder nach dem jeweiligen Grad der Priorität aus und benennen dazu die zu bearbeitenden Abschnitte in den Checklisten. Wie aus der Aufstellung der Checklisteninhalte ersichtlich, ist eine eindeutige Trennung und Abgrenzung der Themen nicht immer möglich. Hier gilt es, je nach Bedarf das Anwendungsfeld aus der Checkliste zu benennen, welches der betrieblichen Fragestellung am nächsten kommt. Mithilfe der Kürzel erhalten die Akteure einen Rahmenplan, der als Vorlage zur Abarbeitung aller als relevant eingestufter Handlungsfelder dient (Abb. 5.2).

	Checkliste A	Checkliste B	Checkliste C	Checkliste D	to do bis KW
Handlungsfeld	Monitore	Teamstruktur	Umgang mit Fehlern	Zeitkonten	21
	Stühle	Anwesenheit vor Ort	Gesundheits-verhalten		28
	Software	Betriebliche Smartphones	Pausenregelungen	Qualifizierungskonzept FK	33
		Auswahl Pilotgruppe		Onlinekalender	39
		---		DSGVO	44
Sonstiges				ggf. mit ext. Datenschutz	

Abb. 5.2 Beispiel Bearbeitungsplan Reihenfolge der Handlungsfelder. (Eigene Darstellung)

5.4 Kontinuierliche Umsetzung und Evaluierung der Maßnahmen

Auf Basis des erstellten Plans werden nun mithilfe der Checklisten die Handlungsfelder bearbeitet und in geeignete Maßnahmenpläne (Vorlagen dazu finden sich ebenfalls in den Checklisten) überführt. Der jeweilige Stand der Abarbeitung kann nun von den Projekt- oder Prozessverantwortlichen im Rahmen der gemeinsam festgelegten Zeitkorridore zur Abarbeitung einfach überprüft und ggf. korrigiert werden. Eine Evaluation jeder Maßnahme soll sicherstellen, dass die Schritte kontinuierlich den Erfordernissen und Bedarfen des Betriebes angepasst werden können. Vergleichbar mit dem Vorgehen bei einer Gefährdungsbeurteilung wird jede Maßnahme bzw. ihre Durchführung und ihre Auswirkung nach einem definierten Zeitraum überprüft. Somit werden Verantwortlichkeiten der zuständigen Personen gefestigt und die kontinuierliche Anpassung der Maßnahmen an die Bedarfe des Betriebes gewährleistet.

Um die theoretischen Überlegungen, die soeben im Rahmen des Konzeptes der „Ganzheitlichen Gestaltung mobiler Arbeit" vorgestellt wurden greifbarer zu beschreiben, werden im folgenden Kapitel einige Fragestellungen anhand betrieblicher Beispiele näher erläutert.

Literatur

Altun U, Institut für angewandte Arbeitswissenschaft (Hrsg) (2016) Checkliste zur Gestaltung digitaler arbeitsbezogener Erreichbarkeit. ifaa, Düsseldorf

Altun U, Institut für angewandte Arbeitswissenschaft (Hrsg) (2019) Checkliste zur Gestaltung mobiler Arbeit. ifaa, Düsseldorf

Ottersböck N, Frost MC, Stahn C, Institut für angewandte Arbeitswissenschaft (Hrsg) (2019) Checkliste Eigenverantwortung für Leistung und Gesundheit bei der Arbeit. ifaa, Düsseldorf. https://www.arbeitswissenschaft.net/Checkliste_Eigenverantwortung. Zugegriffen: 30. März 2020

Sandrock S, Niehues S, Institut für angewandte Arbeitswissenschaft (Hrsg) (2020) CHECKLISTE zur ergonomischen Bewertung von Tätigkeiten, Arbeitsplätzen, Arbeitsmitteln & Arbeitsumgebung, ifaa, Düsseldorf

6 Beispiele

Ufuk Altun, Veit Hartmann, Stephan Sandrock,
Nora Johanna Schüth und Catharina Stahn

Um die in vorherigen Abschnitten genannten Potenziale bedarfs- und gesundheitsgerecht nutzen zu können, sollten Unternehmen und Beschäftigte in der Lage sein, mit den neuen Möglichkeiten verantwortungsbewusst umzugehen.

Mit den vom ifaa entwickelten Checklisten können die Führungskräfte gemeinsam mit den Beschäftigten und, wenn vorhanden, mit den Betriebs- und Personalräten festlegen, welche Aktivitäten, in welcher Reihenfolge, von wem, bis wann und mit welchen Zielen ausgeführt werden sollen (Abb. 6.1). So haben die betrieblichen Akteure die Möglichkeit, konkrete Gestaltungs- und Handlungsbedarfe im eigenen Unternehmen zu erkennen und orts- und zeitflexibles Arbeiten zielorientiert und detailliert zu planen und zu gestalten.

So können die Unternehmen die einzelnen Themenbereiche sowie die einzelnen Bewertungskriterien durchgehen, den Handlungsbedarf festlegen und systematisch ermitteln, bei welchen der Themenbereiche bzw. einzelnen Bewertungskriterien Handlungsbedarfe bestehen.

Im zweiten Schritt sind im Maßnahmenplan die Bewertungskriterien aufzulisten, welche bearbeitet werden sollen. Dabei soll der Fokus auf den Bewertungskriterien und Handlungsbedarfen liegen, welche entweder mit „ja" oder „zum Teil" in einem vorherigen Schritt angekreuzt wurden. Als Nächstes können im Maßnahmenplan in der Spalte „Was?" die einzuleitenden Maßnahmen, zum Beispiel nach Wichtigkeit bzw. Dringlichkeit, definiert werden. Abschließend wird in den Spalten „Ziel? (erwünschtes Ergebnis)", „Wer?", „Bis Wann?" festgelegt, welche Ziele erreicht bzw. Ergebnisse erzielt werden sollen, wer für die Umsetzung der Maßnahme verantwortlich ist, wann die Maßnahme startet und wann die Umsetzung der Maßnahme erfolgen soll und ob die Termine eingehalten wurden.

Beispiel: Wie wird die Erfassung der Arbeitszeiten geregelt? (Checkliste zur Gestaltung mobiler Arbeit, Auszug siehe Anhang)
In einem weiteren Beispiel wird dargelegt, wie mit der Checkliste zur Gestaltung mobiler Arbeit eine Maßnahme zur Zeiterfassung umgesetzt werden kann (siehe Checkliste zur Gestaltung mobiler Arbeit, Seite 10, Punkt 2.1):

Schritt 1
Mit der Checkliste soll die Erfassung der Arbeitszeiten geregelt werden. Bei diesem Punkt wurde Handlungsbedarf festgestellt (Abb. 6.2).

Die Spalte „Hinweise/Handlungsempfehlungen" beinhaltet zu diesem Bewertungskriterium Informationen und Empfehlungen:

„Einhaltung der gesetzlichen bzw. abweichenden tarifvertraglichen Pausen- und Ruhezeiten sowie der täglichen Höchstarbeitszeit. Beachtung des Beschäftigungsverbots an Sonn- und Feiertagen. Der Arbeitgeber hat auf die gesetzlichen Bestimmungen hinzuweisen und muss auf das Einhalten der Zeiten bestehen (zum Beispiel Arbeitszeitgesetz, Bundesurlaubsgesetz, Gesetz über Teilzeitarbeit und befristete Arbeitsverträge).

Schritt 2
Im zweiten Schritt werden im Maßnahmenplan unter „Bewertungskriterium" die Bewertungskriterien aufgelistet, die bearbeitet werden sollen.

In unserem Bespiel geht es um den Punkt 2.1 (Abb. 6.3):

U. Altun (✉) · V. Hartmann · S. Sandrock · N. J. Schüth · C. Stahn
Institut für angewandte Arbeitswissenschaft e. V., Düsseldorf, Deutschland
E-Mail: u.altun@ifaa-mail.de

V. Hartmann
E-Mail: v.hartmann@ifaa-mail.de

S. Sandrock
E-Mail: s.sandrock@ifaa-mail.de

C. Stahn
E-Mail: c.stahn@ifaa-mail.de

ifaa – Institut für angewandte Arbeitswissenschaft e. V. (Hrsg.), *Ganzheitliche Gestaltung mobiler Arbeit*, ifaa-Edition,
https://doi.org/10.1007/978-3-662-61977-3_6

Nr.	Bewertetes Kriterium	Was? (Maßnahme)	Ziel? (erwünschtes Ergebnis)	Wer?	Bis wann?

Abb. 6.1 Maßnahmenplan

- Die Gestaltung und Erfassung der Arbeitszeiten sind geregelt und allen bekannt.

Schritt 3
Als Nächstes sollen im Maßnahmenplan in der Spalte „Was?" die einzuleitenden Maßnahmen definiert werden (Abb. 6.4):

In unserem Beispiel lauten die Maßnahmen wie folgt:

- Arbeitszeiten werden dort erfasst, wo sie anfallen.
- Mitarbeiter mit Zeiterfassung erfassen die im Betrieb erbrachten Arbeitszeiten über das Zeiterfassungssystem.
- Wenn mobil gearbeitet wird, sind die Arbeitszeiten Tageszeitgenau zu notieren. Diese Stunden werden durch den Mitarbeiter nachträglich in das Zeiterfassungssystem eingetragen.

Schritt 4
Abschließend wird im Maßnahmenplan in den Spalten „Ziel?" das vereinbarte bzw. erwünschte Ziel formuliert (Abb. 6.5):

- Die Dokumentation soll unbürokratisch vorgenommen werden und dient ausschließlich einer Selbstkontrolle des Arbeitnehmers und der Möglichkeit des Arbeitgebers, seiner Fürsorgepflicht nachkommen zu können.

In den Spalten „Wer?" und „Bis Wann?" sollten festgelegt werden (Abb. 6.6),

- wer für die Umsetzung der Maßnahme verantwortlich ist,
- wann die Umsetzung der Maßnahme erfolgen soll.

Beispiel: Erhebung und Bewertung ergonomischer Arbeitsmittel (Checkliste Ergonomie, Auszug siehe Anhang)
Anhand eines Beispiels wird im Folgenden gezeigt, wie mit der Checkliste die betrieblichen Akteure konkrete Gestaltungs- und Handlungsbedarfe erkennen, Maßnahmen planen und umsetzen können (siehe Checkliste Ergonomie Seite 27, Punkt C 1.3):

Schritt 1
Diese Checkliste unterstützt bei der ergonomischen Bewertung von Tätigkeiten, Arbeitsplätzen, Arbeitsmitteln & Arbeitsumgebung. Zunächst ist eine stichpunktartige Erfassung der Rahmenbedingungen der zu beobachtenden Tätigkeit vorgesehen, d. h., es ist zu überlegen, welche Tätigkeiten mit welchen Arbeitsmitteln bearbeitet werden soll.

Mit Teil C der Checkliste können Arbeitsmittel, die zur mobilen Verwendung gedacht sind, bewertet werden bzw. es

Nr.	Bewertungskriterium	Hinweise/Handlungsempfehlungen	Handlungsbedarf ja	Handlungsbedarf nein	Handlungsbedarf zum Teil	Bemerkungen bzw. Notizen für Maßnahmenplan (z. B. Unterstützung gewünscht)
2.1	Die Gestaltung und Erfassung der Arbeitszeiten sind geregelt und allen bekannt.	Einhaltung der gesetzlichen bzw. abweichenden tarifvertraglichen Pausen- und Ruhezeiten sowie der täglichen Höchstarbeitszeit. Beachtung des Beschäftigungsverbots an Sonn- und Feiertagen. Der Arbeitgeber hat auf die gesetzlichen Bestimmungen hinzuweisen und muss auf das Einhalten der Zeiten bestehen (zum Beispiel Arbeitszeitgesetz, Bundesurlaubsgesetz, Gesetz über Teilzeitarbeit und befristete Arbeitsverträge).	☒	☐	☐	
2.2	Arbeitszeitregelungen sind an die Form mobiler Arbeit angepasst.	Klären, welches Arbeitszeitmodell (Vertrauensarbeitszeit, Gleitzeit mit oder ohne Kernarbeitszeit) das geeignetste Modell ist. Selbstständige Zeiterfassung und Dokumentation im Rahmen der betrieblichen Arbeitszeitregelungen durch Beschäftigte.	☐	☐	☐	
2.3	An- und Abwesenheitszeiten der Beschäftigten im Unternehmen sind geregelt; regelmäßige Anwesenheit ist sichergestellt.	Im Hinblick auf unterschiedliche Zeitmodelle wie Gleitzeit, Vertrauensarbeitszeit sowie Arbeitsorte sollten die An- und Abwesenheitszeiten sowie Zeiten für Erreichbarkeit unterwegs über einen gemeinsamen digitalen Terminkalender geregelt sein.	☐	☐	☐	

Abb. 6.2 Beispiel Erfassung der Arbeitszeiten Schritt 1

Nr.	Bewertetes Kriterium	Was? (Maßnahme)	Ziel? (erwünschtes Ergebnis)	Wer?	Bis wann?
2.1	Die Gestaltung und Erfassung der Arbeitszeiten sind geregelt und allen bekannt.				

Abb. 6.3 Beispiel Erfassung der Arbeitszeiten Schritt 2

Nr.	Bewertetes Kriterium	Was? (Maßnahme)	Ziel? (erwünschtes Ergebnis)	Wer?	Bis wann?
2.1	Die Gestaltung und Erfassung der Arbeitszeiten sind geregelt und allen bekannt.	Arbeitszeiten werden dort erfasst, wo sie anfallen. Mitarbeiter mit Zeiterfassung erfassen die im Betrieb erfassten Arbeitszeiten über das Zeiterfassungssystem.			
2.1	Die Gestaltung und Erfassung der Arbeitszeiten sind geregelt und allen bekannt.	Wenn mobil gearbeitet wird, sind die Arbeitszeiten tageszeitgenau zu notieren. Diese Stunden werden durch den Mitarbeiter nachträglich in das Zeit erfassungssystem eingetragen.			

Abb. 6.4 Beispiel Erfassung der Arbeitszeiten Schritt 3

Nr.	Bewertetes Kriterium	Was? (Maßnahme)	Ziel? (erwünschtes Ergebnis)	Wer?	Bis wann?
2.1	Die Gestaltung und Erfassung der Arbeitszeiten sind geregelt und allen bekannt.	Arbeitszeiten werden dort erfasst, wo sie anfallen. Mitarbeiter mit Zeit-erfassung erfassen die im Betrieb erbrachten Arbeitszeiten über das Zeiterfassungssystem.	Die Zeiterfassung dient ausschließlich einer Selbstkontrolle des Mitarbeiters und der Möglichkeit des Arbeitgebers, seiner Fürsorgepflicht nachkommen zu können.		
2.1	Die Gestaltung und Erfassung der Arbeitszeiten sind geregelt und allen bekannt.	Wenn mobil gearbeitet wird, sind die Arbeitszeiten tageszeitgenau zu notieren. Diese Stunden werden durch den Mitarbeiter nachträglich in das Zeit erfassungssystem eingetragen.	Die Zeiterfassung dient ausschließlich einer Selbstkontrolle des Mitarbeiters und der Möglichkeit des Arbeitgebers, seiner Fürsorgepflicht nachkommen zu können.		

Abb. 6.5 Beispiel Erfassung der Arbeitszeiten Schritt 4

Nr.	Bewertetes Kriterium	Was? (Maßnahme)	Ziel? (erwünschtes Ergebnis)	Wer?	Bis wann?
2.1	Die Gestaltung und Erfassung der Arbeitszeiten sind geregelt und allen bekannt.	Arbeitszeiten werden dort erfasst, wo sie anfallen. Mitarbeiter mit Zeit-erfassung erfassen die im Betrieb erbrachten Arbeitszeiten über das Zeiterfassungssystem.	Die Zeiterfassung dient ausschließlich einer Selbstkontrolle des Mitarbeiters und der Möglichkeit des Arbeitgebers, seiner Fürsorgepflicht nachkommen zu können.	Mitarbeiter	täglich
2.1	Die Gestaltung und Erfassung der Arbeitszeiten sind geregelt und allen bekannt.	Wenn mobil gearbeitet wird, sind die Arbeitszeiten tageszeitgenau zu notieren. Diese Stunden werden durch den Mitarbeiter nachträglich in das Zeit erfassungssystem eingetragen.	Die Zeiterfassung dient ausschließlich einer Selbstkontrolle des Mitarbeiters und der Möglichkeit des Arbeitgebers, seiner Fürsorgepflicht nachkommen zu können.	Mitarbeiter in Ab-sprache mit Füh-rungskraft	Spätestens am ersten Bürotag nach Rückkehr.

Abb. 6.6 Beispiel Erfassung der Arbeitszeiten Schritt 5

kann mit Verwendung der Checkliste auch schon bei der Beschaffung auf wichtige Kriterien geachtet werden (Abb. 6.7).

Mit der Checkliste soll die Beschaffenheit von mobilen Arbeitsmitteln geprüft werden. Bei diesem Punkt wurde unter C 1.3 Handlungsbedarf festgestellt – die Notebooks der Beschäftigten Meyer, Müller und Schultz verfügen jeweils über ein Glare-Display. Dies ist ungünstig, führt zu Blendungen und kann dadurch das Arbeiten erschweren.

Unter den jeweiligen Bewertungskriterien finden sich entsprechende Hinweise und Empfehlungen zu den ergonomischen Anforderungen.

Schritt 2

Im zweiten Schritt werden im Maßnahmenplan unter „Bewertungskriterium" diejenigen Bewertungskriterien aufgelistet, welche auffällig waren und die entsprechend angegangen werden müssen. Bewerten Sie die einzelnen Bewertungskriterien der einzelnen Themenbereiche mit „ja", „zum Teil" und „nein", wenn die Leitfrage erfüllt, zum Teil erfüllt oder nicht erfüllt ist. Die Ergänzungen unter der jeweiligen Leitfrage bieten Ihnen zusätzliche Informationen. Das Ankreuzen eines „ja" ist, mit Ausnahme der Kategorien „Arbeitsumgebung" und „Tätigkeitsausführung im Teil A, als positiv in Bezug auf die ergonomischen Anforderungen zu bewerten. In der Spalte „Bemerkung" können Sie sich Notizen machen, festlegen, welche Informationen noch erforderlich sind oder ob Sie externe oder interne Unterstützung benötigen.

Schritt 3

Am Ende der Checkliste finden Sie eine gesonderte Tabelle, in der Sie die Bewertungskriterien, welche angegangen werden sollen, in der Spalte „Bewertungskriterium" auflisten können. Dazu schauen Sie sich alle Bewertungskriterien an, die Sie mit „nein" oder „zum Teil" angekreuzt haben. Daraufhin können Sie die von Ihnen als notwendig empfundenen Maßnahmen in den „Maßnahmenplan" eintragen (Abb. 6.8). Dazu werden im Maßnahmenplan in der Spalte „Was?" die einzuleitenden Maßnahmen definiert. In unserem Beispiel lauten die Maßnahmen:

Beschaffung und Installation von Antireflexionsfolien für die entsprechenden Notebooks.

Schritt 4

Abschließend wird im Maßnahmenplan in den Spalten „Ziel?" das vereinbarte bzw. erwünschte Ergebnis formuliert:

Reflexionen sollen verhindert werden, die Beschäftigten sollen ergonomisch und ermüdungsfrei arbeiten können.

In den Spalten „Wer?" und „Bis Wann?" sollte festgelegt werden,

wer für die Umsetzung der Maßnahme verantwortlich ist,
wann die Umsetzung der Maßnahme erfolgen soll.

Schritt 5

Maßnahmenverfolgung:

Nr.	1. NOTEBOOK				
	Bewertungskriterium	ja	zum Teil	nein	Bemerkung
Notebook					
C 1.1	**Entspricht die Displaygröße der Arbeitsaufgabe?** ▪ entspricht der auszuführenden Tätigkeit und den Mobilitätserfordernissen ▪ mindestens 10 Zoll in der Diagonalen ▪ empfehlenswert 12 Zoll in der Diagonalen und größer ▪ Länger andauernde Lese-/Eingabetätigkeiten können größere Displays erfordern.	☐	☐	☐	
C 1.2	**Ist das Displayformat an die Arbeitsaufgabe angepasst?** ▪ traditionelle Formate wie 4:3 für typische Arbeitsaufgaben ▪ Breitbildformate wie 16:9 für Multimediaeinsatz	☐	☐	☐	
C 1.3	**Ist das Notebook und das Display reflexionshemmend?** ▪ matte und reflexionsarme Oberfläche des Gehäuses ▪ Notebooks mit glänzendem Display vermeiden ▪ Einsatz von Anti-Glare-Displays oder zumindest von Antireflexionsfolien (Antireflexionsfolien können die Helligkeit reduzieren und die Farbdarstellung verändern)	☐	☐	●	Entspricht bei den Arbeitsplätzen von Meyer, Müller, Schultz nicht den Anforderungen.
C 1.4	**Ist die Helligkeit des Displays angemessen?** ▪ Leuchtdichte von mindestens 400 cd/m²	☐	☐	☐	
C 1.5	**Ist eine externe Tastatur vorhanden?** ▪ individuelle, bedürfnisgerechte Ausrichtung und verbesserte ergonomische Arbeitsbedingungen bei einer externen Tastatur ▪ empfehlenswert bei der Nutzung von Notebooks als Desktopersatz ▪ Anforderungen an eine Tastatur s. B 3.9	☐	☐	☐	

Abb. 6.7 Beispielseite aus der Checkliste Ergonomie

Hier kann der Grad der Maßnahmenverfolgung überprüft und dokumentiert werden, indem die entsprechenden Markierungen im Bereich Status vorgenommen werden.

Beispiel: Unterstützung von eigenverantwortlichem Verhalten im Bereich Gesundheit (Checkliste Eigenverantwortung für Leistung und Gesundheit bei der Arbeit, Auszug siehe Anhang)

Die Checkliste richtet sich vor allem an Führungskräfte aus indirekten Unternehmensbereichen und unterstützt sie dabei, sich dem Thema „Eigenverantwortung" zu nähern sowie Maßnahmen zur Förderung der Eigenverantwortung der Beschäftigten abzuleiten und umzusetzen.

Das folgende Beispiel zeigt, in welchen Schritten die Führungskraft konkrete Gestaltungs- und Handlungsbedarfe erkennen, Maßnahmen planen und umsetzen kann:

Schritt 1

Anhand der Checkliste wurde Handlungsbedarf zum Thema „eigenverantwortliches Handeln für die Gesundheit" (Themenfeld 3 der Checkliste) festgestellt (Abb. 6.9). Der Aspekt „Wir reflektieren unser Gesundheitsverhalten." (3.3) soll näher betrachtet werden, da er gerade auch für orts- und zeitflexibles Arbeiten eine wichtige Rolle spielt. Hier hat die Führungskraft das Ausmaß des eigenverantwortlichen Handelns mit „manchmal" – sowohl bei den Beschäftigten als auch bei sich selbst – bewertet.

Die Spalte „Hinweise für mögliche Maßnahmen" beinhaltet zu diesem Kriterium Informationen und Empfehlungen:

Maßnahmen zur Sensibilisierung Beschäftigter können Informationsveranstaltungen und Workshops zu folgenden Themen sein:

- gesunde Ernährung
- Bewegung
- Stressabbau
- Zeitmanagement
- Chronobiologie und Schlafverhalten
- Resilienztraining (weitere Hinweise dazu erhalten Sie im Resilienzkompass oder der ifaa-Checkliste zur Stärkung individueller und organisationaler Resilienz im Unternehmen [s. Abschnitt „Weiterführende Checklisten und Handlungshilfen", Nummer 3 und 9])

In der Spalte „Notizen" hält die Führungskraft in diesem Beispiel fest, dass sie die Aspekte Stressabbau und Zeitmanagement angehen möchte.

MASSNAHMENPLAN

Nr.	Bewertungskriterium	Was? (Maßnahme)	Ziel (erwünschtes Ergebnis)	Wer?	Bis wann?	Status
C 1.3	Bildschirme der Notebooks haben ein glänzendes Display, welches zu Blendungen führen kann	Beschaffung und Installation von Antireflexionsfolien	Blendungs- und ermüdungsfreies Arbeiten ist ermöglicht.	Einkauf; Frau Özlem	31.07.2020	

Statusentwicklung von »Maßnahme nicht bearbeitet« bis »Maßnahme abgeschlossen«:  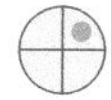 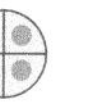  

Abb. 6.8 Maßnahmenplan Notebook Antireflexionsfolie

Schritt 2
Als Nächstes wird der Maßnahmenplan am Ende der Checkliste genutzt, um in der Spalte „Was?" die einzuleitenden Maßnahmen zu definieren (Abb. 6.10).

In unserem Beispiel lauten die Maßnahmen wie folgt:

- Stress- und Zeitmanagement als Tagesordnungspunkt für die nächste Teamsitzung festlegen.
- Information der Beschäftigten über das geplante Thema für die nächste Teamsitzung, mit der Bitte, sich Gedanken zu machen: Wie läuft es aktuell bei mir? Wie lief es in den letzten 6 Wochen? Was hat mich gestresst? Konnte ich das Problem lösen? Wenn ja, wie?
- Informationen über Workshopanbieter zum Thema Stress- und Zeitmanagement einholen.

Schritt 3
Abschließend wird im Maßnahmenplan in den Spalten „Ziel" das erwünschte Ergebnis der geplanten Maßnahmen formuliert (Abb. 6.11):

- Ziel für die Teamsitzung ist es, einen Austausch anzuregen, mögliche Bedarfe bei den Beschäftigten für einen entsprechenden Workshop zu erfragen und ggf. weitere Anhaltspunkte (Organisation, Rahmenbedingungen) zur Verbesserung der aktuellen Situation zu erhalten.
- Die Vorbereitung der Beschäftigten soll dazu beitragen, das Thema in der Teamsitzung detailliert und aus verschiedenen Blickwinkeln zu betrachten.
- Das Einholen von Informationen zu möglichen Workshopanbietern im Vorfeld soll Zeit sparen, wenn die Entscheidung für einen Workshop fallen sollte, sodass dann schnellstmöglich ein Termin festgelegt werden kann.

Schritt 4
Abschließend wird im Maßnahmenplan in den Spalten „Wer?" und „Bis Wann?" festgelegt (Abb. 6.12),

- wer für die Umsetzung der Maßnahme verantwortlich ist,
- wann die Umsetzung der Maßnahme erfolgen soll.

		Beschäftigte			Führungskraft				
Nr.	Eigenverantwortliches Handeln	regelmäßig	manchmal	nie	regelmäßig	manchmal	nie	Hinweise für mögliche Maßnahmen	Notizen
3.3	Wir reflektieren unser Gesundheitsverhalten.	☐	☒	☐	☐	☒	☐	Maßnahmen zur Sensibilisierung Beschäftigter können Informationsveranstaltungen und Workshops zu folgenden Themen sein: ▪ gesunde Ernährung ▪ Bewegung ▪ Stressabbau ▪ Zeitmanagement ▪ Chronobiologie und Schlafverhalten ▪ Resilienztraining (weitere Hinweise dazu erhalten Sie im Resilienzkompass oder der ifaa-Checkliste zur Stärkung individueller und organisationaler Resilienz im Unternehmen [s. Abschnitt »Weiterführende Checklisten und Handlungshilfen«, Nummer 3 und 9])	
3.4	Wir nutzen aktiv die uns zur Verfügung stehenden ergonomischen Arbeitsmittel.	☐	☒	☐	☐	☒	☐	Sensibilisierungsmaßnahmen können sein: ▪ Beauftragte für Arbeits- und Gesundheitsschutz prüfen die jeweilige Arbeitsumgebung auf Ergonomie und weisen Beschäftigte auf Fehlhaltungen und Verbesserungsmöglichkeiten hin. ▪ Schulungen und Informationsveranstaltungen für ergonomische Arbeitshaltung und Nutzung ergonomischer Arbeitsmittel werden angeboten. Weitere Informationen zum Thema finden Sie in der ifaa-Checkliste Ergonomie zur orientierenden Bewertung von Tätigkeiten, Arbeitsmitteln, Arbeitsumgebung (s. Abschnitt »Weiterführende Checklisten und Handlungshilfen«, Nummer 4).	

Abb. 6.9 Beispielseite zum Thema Eigenverantwortliches Handeln

Beispiel: Sind einheitliche Regeln für den Umgang mit E-Mails festgelegt? (Checkliste zur Gestaltung digitaler arbeitsbezogener Erreichbarkeit, Auszug siehe Anhang)
Mit der Checkliste soll geklärt werden, ob einheitliche Regeln für den Umgang mit E-Mails festgelegt sind.

Die Spalte „Hinweis" beinhaltet zu diesem Bewertungskriterium Empfehlungen, wie zum Beispiel „Aussagekräftige Betreffzeile", „kurze statt lange E-Mails".

Schritt 1
Im ersten Schritt wird für das entsprechende Bewertungskriterium der Bedarf ermittelt (Abb. 6.13):

Schritt 2
Im zweiten Schritt wird im Maßnahmenplan unter „Bewertungskriterium" das Bewertungskriterium eingetragen, welches angegangen werden soll (Abb. 6.14).

- In unserem Bespiel geht es um den Punkt 2.8 „Sind einheitliche Regeln für den Umgang mit E-Mails festgelegt?", da im ersten Schritt als Antwort „trifft gar nicht zu" angekreuzt wurde:

Schritt 3
Als Nächstes soll im Maßnahmenplan in der Spalte „Was?" die einzuleitenden Maßnahmen definiert werden (Abb. 6.15).

In unserem Beispiel lautet die Maßnahme, eine E-Mail-Policy für alle Mitarbeiter zu erstellen. Dabei sollen unter anderem die Empfehlungen der Checkliste sowie die Vorgaben des gesetzlichen Datenschutzes berücksichtigt werden:

Schritt 4
Abschließend wird im Maßnahmenplan in den Spalten „Ziel?" das vereinbarte bzw. erwünschte Ziel formuliert, wie zum Beispiel:

- Ziel der Maßnahme ist die Regelung der dienstlichen Nutzung von E-Mails sowie Gewährleistung des sicheren Austausches von betriebsinternen und personenbezogenen Daten (Abb. 6.16).

In den Spalten „Wer?" und „Bis Wann?" sollte auch festgelegt werden (Abb. 6.17),

MASSNAHMENPLAN

Nr.	Eigenverantwortliche Verhaltensweise oder Rahmenbedingung, die verändert werden soll.	Was? (Maßnahme)	Ziel (erwünschtes Ergebnis)	Wer?	Bis wann?
3.3	Reflexion des Gesundheitsverhaltens	Stress- und Zeitmanagement als Tagesordnungspunkt für die nächste Teamsitzung festlegen.			
3.3	Reflexion des Gesundheitsverhaltens	Beschäftigte über das geplante Thema für die nächste Teamsitzung informieren mit der Bitte, sich Gedanken zu machen: Wie läuft es aktuell bei mir?			
3.3	Reflexion des Gesundheitsverhaltens	Informationen über Workshopanbieter zum Thema Stress- und Zeitmanagement einholen.			

Abb. 6.10 Maßnahmenplan – Beispiel Reflexion des Gesundheitsverhaltens

MASSNAHMENPLAN

Nr.	Eigenverantwortliche Verhaltensweise oder Rahmenbedingung, die verändert werden soll.	Was? (Maßnahme)	Ziel (erwünschtes Ergebnis)	Wer?	Bis wann?
3.3	Reflexion des Gesundheitsverhaltens	Stress- und Zeitmanagement als Tagesordnungspunkt für die nächste Teamsitzung festlegen.	Austausch anregen, möglichen Bedarf für einen entsprechenden Workshop erfragen und ggf. weitere Anhaltspunkte (Organisation, Rahmenbedingungen) für die Workshopgestaltung sammeln.		
3.3	Reflexion des Gesundheitsverhaltens	Beschäftigte über das geplante Thema für die nächste Teamsitzung informieren mit der Bitte, sich Gedanken zu machen: Wie läuft es aktuell bei mir?	Team soll das Thema in der Teamsitzung detailliert und aus verschiedenen Blickwinkeln betrachten.		
3.3	Reflexion des Gesundheitsverhaltens	Informationen über Workshopanbieter zum Thema Stress- und Zeitmanagement einholen.	Anbieter vergleichen, schnelle Terminfindung ermöglichen, wann ein Workshop stattfinden soll.		

Abb. 6.11 Maßnahmenplan – Zielformulierung für das Beispiel Reflexion des Gesundheitsverhaltens

- wer für die Umsetzung der Maßnahme verantwortlich ist, zum Beispiel eine Projektgruppe, die für die Erstellung der E-Mail-Policy verantwortlich ist,
- wann die Umsetzung der Maßnahme erfolgen soll. In unserem Beispiel wäre der Stichtag 31.12.2020.

MASSNAHMENPLAN

Nr.	Eigenverantwortliche Verhaltensweise oder Rahmenbedingung, die verändert werden soll.	Was? (Maßnahme)	Ziel (erwünschtes Ergebnis)	Wer?	Bis wann?
3.3	Reflexion des Gesundheitsverhaltens	Stress- und Zeitmanagement als Tagesordnungspunkt für die nächste Teamsitzung festlegen.	Austausch anregen, möglichen Bedarf für einen entsprechenden Workshop erfragen und ggf. weitere Anhaltspunkte (Organisation, Rahmenbedingungen) für die Workshopgestaltung sammeln.	Führungskraft	sofort (bis 08.04.2020)
3.3	Reflexion des Gesundheitsverhaltens	Beschäftigte über das geplante Thema für die nächste Teamsitzung informieren mit der Bitte, sich Gedanken zu machen: Wie läuft es aktuell bei mir?	Team soll das Thema in der Teamsitzung detailliert und aus verschiedenen Blickwinkeln betrachten.	Beschäftigte	bis zur nächsten Teamsitzung
3.3	Reflexion des Gesundheitsverhaltens	Informationen über Workshopanbieter zum Thema Stress- und Zeitmanagement einholen.	Anbieter vergleichen, schnelle Terminfindung ermöglichen, wann ein Workshop stattfinden soll.	Führungskraft, Assistent/-in	bis Mitte April 2020

Abb. 6.12 Maßnahmenplan – Festlegung der Zuständigkeiten und Fristen für das Beispiel Reflexion des Gesundheitsverhaltens

Nr.	Bewertungskriterium	Hinweis	Trifft gar nicht zu	Trifft eher nicht zu	Trifft eher zu	Trifft deutlich erkennbar zu	Bemerkungen bzw. Notizen für Maßnahmenplan (z. B. Unterstützung gewünscht)
2.8	Sind einheitliche Regeln für den Umgang mit E-Mails festgelegt?	z. B. E-Mail-Policy: ▸ Aussagekräftige Betreffzeile. ▸ Kurze statt lange E-Mails. ▸ Sparsame Verwendung der »CC«-Funktion; sie soll ausschließlich dazu dienen, Dritten eine Mitinformation zu geben, ohne dass eine Handlung von ihnen erwartet wird. ▸ Interne Regelung zum richtigen Zeitpunkt von E-Mail-Versand wählen (z. B. Ja oder Nein zum E-Mail-Versand bzw. zur Weiterleitung an Wochenenden, Feiertagen und an Arbeitstagen zwischen 20:00 und 7:00 Uhr). ▸ E-Mails können mit Buchstaben gekennzeichnet werden: z. B. »A« für »Ich erwarte eine Antwort«, »I« für »Nur zur Information« usw. ▸ E-Mails sollen für Kurzabsprachen/Nachrichten und Terminvereinbarungen genutzt werden. Sie sollen z. B. nicht der internen Problembewältigung dienen.	☒	☐	☐	☐	

Abb. 6.13 Beispiel Erreichbarkeit Schritt 1

Nr.	Bewertetes Kriterium	Was? (Maßnahme)	Ziel? (erwünschtes Ergebnis)	Wer?	Bis wann?
2.8	Sind einheitliche Regeln für den Umgang mit E-Mails festgelegt?				

Abb. 6.14 Beispiel Erreichbarkeit Schritt 2

Nr.	Bewertetes Kriterium	Was? (Maßnahme)	Ziel? (erwünschtes Ergebnis)	Wer?	Bis wann?
2.8	Sind einheitliche Regeln für den Umgang mit E-Mails festgelegt?	Erstellen einer E-Mail-Policy			

Abb. 6.15 Beispiel Erreichbarkeit Schritt 3

Nr.	Bewertetes Kriterium	Was? (Maßnahme)	Ziel? (erwünschtes Ergebnis)	Wer?	Bis wann?
2.8	Sind einheitliche Regeln für den Umgang mit E-Mails festgelegt?	Erstellen einer E-Mail-Policy	Ziel der Maßnahme ist die Regelung der dienstlichen Nutzung von E-Mails sowie Gewährleistung des sicheren Austausches.		

Abb. 6.16 Beispiel Erreichbarkeit Schritt 4

Nr.	Bewertetes Kriterium	Was? (Maßnahme)	Ziel? (erwünschtes Ergebnis)	Wer?	Bis wann?
2.8	Sind einheitliche Regeln für den Umgang mit E-Mails festgelegt?	Erstellen einer E-Mail-Policy	Ziel der Maßnahme ist die Regelung der dienstlichen Nutzung von E-Mails sowie Gewährleistung des sicheren Austausches.	Projektgruppe „E-Mail-Policy“	31.12.2020

Abb. 6.17 Beispiel Erreichbarkeit Schritt 5

Ausblick

Erfahrung zur mobilen Arbeit im Rahmen der Corona-Krise

Mobile Arbeit erlebt(e) angesichts der Corona-Krise einen ungeahnten Schub. Zahlreiche Unternehmen ermöglichten ihren Beschäftigten von zu Hause aus zu arbeiten. Folglich wechselte während der Corona-Pandemie ein nicht zu unterschätzender Teil der Beschäftigten ihren Arbeitsplatz und arbeitete von zu Hause aus.

Laut einer Studie des Bayerischen Forschungsinstituts für Digitale Transformation (bidt) arbeiteten 43 % der internetnutzenden Berufstätigen von zu Hause aus. Laut einer Bitkom-Studie aus dem März 2020 waren dies sogar 49 % (Bitkom 2020). Vor der Corona-Krise seien es circa 35 % gewesen. 71 % der Unternehmen seien sehr gut auf die Ausweitung der Arbeiten, die nun von zu Hause aus erledigt werden, vorbereitet gewesen. In der Studie des bidt sind es 68 %, die das Arbeiten von zu Hause in ihrem Job für möglich halten und nach der Krise beibehalten wollen. Die Studienherausgeber sehen in der Krise die Chance für Deutschland, die Digitalisierung schneller voranzutreiben (bidt 2020).

Während dieser Zeit wurde vielen Unternehmen und Beschäftigten deutlich, dass die Chancen der mobilen Arbeit auf Dauer zum Erfolg führen können, wenn geeignete Rahmenbedingungen vorhanden sind. Diese Rahmenbedingungen sind wesentlich, da gerade die Arbeitsform der mobilen Arbeit die Verzahnung der gesellschaftlichen, wirtschaftlichen und rechtlichen Handlungsfelder verdeutlicht. Dazu zählen unter anderem flexible Arbeitszeitgestaltung, Arbeits- und Gesundheitsschutz, Datensicherheit und Datenschutz, sichere und schnellere technische Infrastrukturen, Arbeitsorganisation und häusliche Arbeitsumgebung.

▶ Es ist davon auszugehen, dass sich in Zukunft der Anteil der Beschäftigten, die orts- und zeitflexibel arbeiten werden, weiter stark erhöhen wird.

Mobile Arbeit eröffnet die Möglichkeit, an unterschiedlichen Orten zu flexiblen Zeiten zu arbeiten. Dies bietet neue Potenziale, beispielsweise hinsichtlich der Vereinbarkeit von Beruf und Privatleben. Auch im Wettbewerb um qualifizierte Fachkräfte wird mobile Arbeit einen wesentlichen Attraktivitätsfaktor darstellen. Wie schon in vorherigen Abschnitten erwähnt, bringt der technologische Fortschritt mit neuen mobilen Endgeräten eine „neue" Art der Arbeit hervor, welche die Formen mobiler Arbeit erweitert sowie weiteren Beschäftigtengruppen ermöglicht, durch die Auflösung der Bindung an einen festen/konstanten Arbeitsort an unterschiedlichen Orten zu flexiblen Zeiten zu arbeiten.

▶ Mobile Arbeit wird sowohl die Unternehmen als auch die Beschäftigten vor neue Herausforderungen und Anforderungen stellen.

Andererseits zeigen Studien auch die Risiken der mobilen Arbeit. So benötigen zum Beispiel die Beschäftigten beim Arbeiten außerhalb des Büros mehr Zeit, ihre Kolleginnen und Kollegen zu erreichen, was zur Verzögerung von Entscheidungen führen kann. Dazu kommt, dass durch Arbeiten von zu Hause aus Arbeit und Privatleben zunehmend verschmelzen können und individuelle Trennungs- und Abschaltmechanismen und -regeln angewendet und gegebenenfalls weiterentwickelt werden müssen (ifaa 2019).

Zufolge einer IW-Studie vermisst zumindest ein Teil der Beschäftigten die klare Trennung von Beruf und Privatleben. Die These der Studie lautet, dass mobil arbeitende Menschen häufiger als andere Beschäftigtengruppen in Kauf nehmen, dass sich private und berufliche Sphäre gegenseitig stören können: „Wer internetgestützt räumlich und zeitlich flexibel arbeitet, hat zwar mehr Zeitsouveränität im beruflichen Alltag, erfülle im Gegenzug während der Freizeit (beziehungsweise in den Tageszeiten, die ansonsten üblicherweise für private Aktivitäten reserviert sind, etwa am Abend) signifikant häufiger berufliche Aufgaben." (IW 2017) Hierbei geht es also grundsätzlich darum, den betrieblichen sowie außerbetrieblichen Rahmen so zu gestalten, dass die Belastungen gar nicht entstehen und die Menschen vor Selbstüberforderung geschützt werden.

Die mobile Arbeit bringt auch arbeitsrechtliche Fragestellungen mit sich, die schon heute unter anderem in den Bereichen Arbeits- und Gesundheitsschutz,

ifaa – Institut für angewandte Arbeitswissenschaft e. V. (Hrsg.), *Ganzheitliche Gestaltung mobiler Arbeit*, ifaa-Edition,
https://doi.org/10.1007/978-3-662-61977-3

Beschäftigtendatenschutz und Arbeitszeitgestaltung, aber auch im Bereich der Ergonomie und Arbeitsumgebung bestehen und seitens der Betriebe und Beschäftigten zu gewissen Unsicherheiten führen. Hier sind gesetzliche, tarifliche und betriebliche Maßnahmen und Lösungsansätze erforderlich, die mobile Arbeit so zu gestalten und zu gewährleisten, dass die Risiken gemindert und Möglichkeiten geschaffen werden, die mobile Arbeit zu forcieren und weiteren Beschäftigtengruppen zu ermöglichen (ifaa 2019).

▶ Um die Chancen der mobilen Arbeit nutzen zu können, sind Rahmenbedingungen erforderlich, welche unter anderem Arbeits- und Gesundheitsschutz, Datensicherheit und Datenschutz, sichere und schnellere technische Infrastrukturen, Arbeitsorganisation und -umgebung adressieren. Im Mittelpunkt sollte die Frage stehen, wie das Arbeiten und Zusammenleben in einer digitalen, agilen und gesunden Gesellschaft aussehen soll und was getan werden muss, um diese Entwicklung gezielt zu gestalten und zu fördern. Denn mobile Arbeit ist kein Selbstläufer. Sie erfordert von Unternehmen und Beschäftigten eine strukturierte und im Vorfeld geplante Vorgehensweise.

Abschließend kann festgehalten werden, dass es auf der betrieblichen Ebene – im Sinne der „doppelten Freiwilligkeit“ – notwendig ist, dass die Unternehmen und Beschäftigten gemeinsam herausfinden, ob und wie mobile Arbeit zur Tätigkeit, Unternehmenskultur oder zu den betrieblichen Gegebenheiten passt und ob die Beschäftigten sich dabei wohlfühlen. Hier muss abgewogen werden, welche Tätigkeiten oder Teile von Tätigkeiten dazu geeignet sind, im Rahmen mobiler Arbeit erledigt zu werden. So können die Beschäftigten gemeinsam mit ihren Arbeitgebern entscheiden, ob und wenn ja, unter welchen Voraussetzungen und Bedingungen orts- und zeitflexibel gearbeitet wird. Ein einseitiger Rechtsanspruch auf Homeoffice für alle Beschäftigte wie auch eine generelle Absage an mobile Arbeit sind hierbei nicht angebracht (ifaa 2019).

Gleichzeitig zeigen Studien, dass die Möglichkeiten für mobile Arbeit in Deutschland bei Weitem nicht ausgeschöpft sind, obwohl die digitalen Technologien es ermöglichen, unabhängig von Zeit und Ort zu arbeiten (Hammermann und Stettes 2017). Daher ist es umso wichtiger, die Voraussetzungen, gesetzlichen Regelungen, technologischen und arbeitsorganisatorischen Infrastrukturen in Unternehmen zu schaffen sowie Potenziale, Risiken und Chancen zu thematisieren, damit weitere Beschäftigtengruppen sowie Unternehmen von mobiler Arbeit Gebrauch machen können.

Umweltrelevante Einsparpotenziale durch mobile Arbeit

Umweltrelevante Aspekte im Hinblick auf das mobile Arbeiten sind in der Diskussion in Deutschland erkennbar (vgl. z. B. BMU 2019) und sind in der Regel Bestandteil der Argumentation positiver Effekte durch eine generelle Veränderung und Beeinflussung berufsbedingter Mobilität (primär Pendlerströme etc.) (stellvertretend Umweltbundesamt 2019).

Es werden ferner in der Bundesrepublik auf unterschiedlichen Ebenen Anstrengungen unternommen, die Auswirkungen der Mobilität (und insbesondere der berufsbedingten Mobilität zum und vom Arbeitsplatz) umweltfreundlicher zu gestalten. „Als Mitglied der Europäischen Plattform für Mobilitätsmanagement (EPOMM) gehört Deutschland zu einem Netzwerk von europäischen Ländern, deren Regierungen sich mit Mobilitätsmanagement befassen. Die EPOMM koordiniert und fördert Mobilitätsmanagement auf europäischer Ebene und ist eine Plattform, die dem Erfahrungsaustausch zwischen den Mitgliedsländern dient.“ (Schade 2019).

In Deutschland gibt es in diesem Zusammenhang mehrere Förderprogramme, die hier zielgerichtet unterstützen. So hat der Nationale Radverkehrsplan 2020 das Ziel, den Radverkehr in Deutschland attraktiver und sicherer zu machen (ebenda). Er umfasst neun Handlungsfelder, um Qualitäten zu schaffen und zu sichern. Diese Handlungsfelder (Radverkehrsplanung und -konzeption, Infrastruktur, Verkehrssicherheit, Kommunikation, Fahrradtourismus, Elektromobilität, Verknüpfung mit anderen Verkehrsmitteln, Mobilitäts- und Verkehrserziehung) zeigen sowohl die Handlungserfordernisse im Radverkehr als auch konkrete Schritte und Maßnahmen innerhalb der Zuständigkeiten von Bund, Ländern und Kommunen auf (EPOMM 2018). Für die Förderung innovativer und nicht investiver Projekte stellt das Bundesministerium für Verkehr und digitale Infrastruktur (BMVI) jährlich 3,2 Mio. EUR bereit. Die Bundesregierung investiert im Rahmen des Förderprogramms „Saubere Luft“ eine Milliarde Euro in ein Maßnahmenpaket für bessere Luft in Städten.

In diesem Zusammenhang unterstützt sie auch Maßnahmen zum Mobilitätsmanagement. Dazu gehören der Aufbau einer Ladeinfrastruktur für Elektrofahrzeuge, die Digitalisierung von Verkehrssystemen sowie die Förderung von Radschnellwegen (EPOMM 2018). Auch für die betriebliche Ebene lassen sich Förderaktivitäten feststellen: „Unter dem Dach von BMVI und BMU (Bundesministerium für Umwelt, Naturschutz und nukleare Sicherheit) gibt es zudem ein eigenes Förderprogramm für betriebliches

Mobilitätsmanagement: Mobil Gewinnt (BMVI/BMU 2019). Es fördert Erstberatungen an Betriebe und Einrichtungen und lobte einen Wettbewerb aus, für den öffentliche und private Unternehmen Konzepte für betriebliches Mobilitätsmanagement einreichen konnten." (Schade 2019) Neben den Instrumenten und Aktivitäten, die seitens des Bundes das Thema adressieren, werden unter dem Stichwort eines „kommunalen Mobilitätsmanagements" unterschiedliche Formate erarbeitet und angeboten, die die Herausforderungen einer zukünftigen Verkehrspolitik unterstützen sollen: „Eine zukunftsfähige Verkehrspolitik steht vor der Herausforderung, Mobilität mit weniger Kfz-Verkehr zu gewährleisten. Was zunächst paradox klingt, ist vor allem eine Frage der Gestaltung und Lenkung von Mobilität, des Managens von Mobilität. Die Mobilitätswende auf kommunaler Ebene ist eine große Chance. Die Kommunen können hier positive Zeichen setzen, indem sie die Städte als Lebensräume und nicht als Verkehrsräume begreifen. Es gilt, verstärkt das menschliche Maß in den Fokus der Stadt- und Verkehrsplanung zu rücken und Orte für Menschen zu schaffen" (Jansen und Unger-Azadi 2019).

Aus den beschriebenen Bestrebungen und Aktivitäten auf Bundes- und Landesebene lässt sich jedoch kaum ein Ansatz erkennen, der mobile Arbeit als einen strategischen Faktor bei der Bewältigung der Herausforderungen wahrnimmt. Dabei bietet gerade die mobile Arbeit als Gegenstück zu vielen anderen Ansätzen und Maßnahmen großes Potenzial, auch relevante Umweltvorteile zu erzielen. Hier gilt es, primär Betriebe und Beschäftigte darin zu unterstützen, die Einspar- und Vermeidungspotenziale, die mobile Arbeit zweifellos bietet, auch realisieren zu können, anstatt weiterhin bestehende Pendlerströme anders auf bestehende Verkehrsmittel verteilen zu wollen. Dazu führt Nürnberg aus, „dass Heimarbeit positive Auswirkungen auf die Umwelt und die Verkehrsinfrastruktur hat. So gehen australische Schätzungen davon aus, dass 120 Mio. L Kraftstoff eingespart und der Ausstoß von 320 000 Tonnen CO_2 verringert werden können, wenn nur zehn Prozent der Angestellten die Hälfte ihrer Arbeitszeit von zu Hause arbeiten würden." (Nürnberg und Hintschich 2019).

Einen wichtigen Beitrag zum Klimaschutz erwartet auch Michael Zondler, der CENTOMO-Geschäftsführer:

> „18,4 Mio. Deutsche pendeln täglich zur Arbeit und legen dabei im Schnitt 17 Kilometer bis zum Arbeitsplatz zurück. Öffentliche Verkehrsmittel wie Bus, Straßenbahn, U-Bahn oder Zug werden nur von rund 14 % der Deutschen zum Pendeln genutzt. Bei durchschnittlich 200 Arbeitstagen pro Jahr sind das summa summarum 125 Mrd. Kilometer pro Jahr. Wenn wir es durch New-Work hinbekommen, zehn Prozent der Arbeit Remote oder im Homeoffice zu erledigen, schonen wir massiv das Klima und unsere Geldbeutel gleichermaßen. Wir könnten in diesem Fall 12,5 Mrd. Kilometer pro Jahr sparen und 1,6 Mio. Tonnen CO_2." (Zondler 2018).

Des Weiteren bietet mobile Arbeit auch für ländliche Regionen als auch für Ballungsgebiete, die durch starke Abwanderung oder Ballungseffekte geprägt sind, weitere Vorteile und Potenziale, Pendlerströme abzubauen oder aber Mietpreissteigerungen abzuschwächen. Im Mittelpunkt stehen insbesondere die Sensibilisierung und Bewusstmachung sowie vor allem die Reduzierung des CO_2-Ausstoßes durch beispielsweise Vermeidung unnötiger Arbeitswege, Pendelverkehr oder die Entlastung der öffentlichen Verkehrsmittel. Das wiederum führt dazu, dass der Stresslevel durch die langen Fahrzeiten reduziert wird und die langen Fahrtzeiten produktiv genutzt werden können (ifaa 2019).

Nach eigenen Berechnungen (siehe Abb. A.0.1) könnten, wenn 10 % der Erwerbstätigen (3,03 Mio.) ein Tag in der Woche von zu Hause aus arbeiten würden, 4 532 880 000 Km an Pendelstrecke zwischen Wohn- und Arbeitsort, 133 320 000 h an Fahrzeit und 853 248 000 Kg CO_2 pro Jahr gespart werden.

Vielfach wird auch auf den gestiegenen Stromverbrauch durch die Geräte, Infrastruktur und laufende Server hingewiesen, deren Treibhausgasemissionen bei Betrachtungen auch eingerechnet werden sollten. Dazu Prof. Dr. Tilman Santarius, Transformationsforscher an der Technischen Universität Berlin: „Natürlich steigt jetzt der Stromverbrauch an. Dadurch, dass wir mehr digitale Medien nutzen. Der Datenverkehr ist etwa um zehn Prozent angestiegen, seit der Corona-Krise. Aber die Stromverbräuche, die damit einhergehen, betragen nur einen Bruchteil von den Energieverbräuchen, die beim Verkehr aufkommen würden. Das heißt, netto haben wir hier ganz klar eine positive ökologische Bilanz zu verzeichnen" (Santarius 2020).

Möglichkeiten für mobile Arbeit auch in direkten Bereichen

„Die sich verändernden Produktionsbedingungen und der zunehmende Einsatz von mobilen Endgeräten werden zukünftig allerdings auch im Produktionsbereich zu einer erhöhten örtlichen und zeitlichen Flexibilisierung führen" (TAB 2017, S. 16). So beschrieb das Büro für Technikfolgen-Abschätzung beim Deutschen Bundestag vor wenigen Jahren die zukünftige Entwicklung der mobilen Arbeit. Trotzdem gibt es bislang wenige Ansätze für die Umsetzung mobiler, zeitflexibler Arbeit im Produktionsbereich. Bisher bekannte Ansätze der Arbeitsgestaltung für mobiles, zeitflexibles Arbeiten fokussieren die administrativen Unternehmensbereiche (Bürotätigkeiten, Wissensarbeit etc.). Unternehmen befassen sich mit der Entwicklung technischer Hilfsmittel, die erste Ansätze für mobiles zeitflexibles Arbeiten im Produktionsbereich ermöglichen. Das Unternehmen Continental möchte bspw. bestimmten

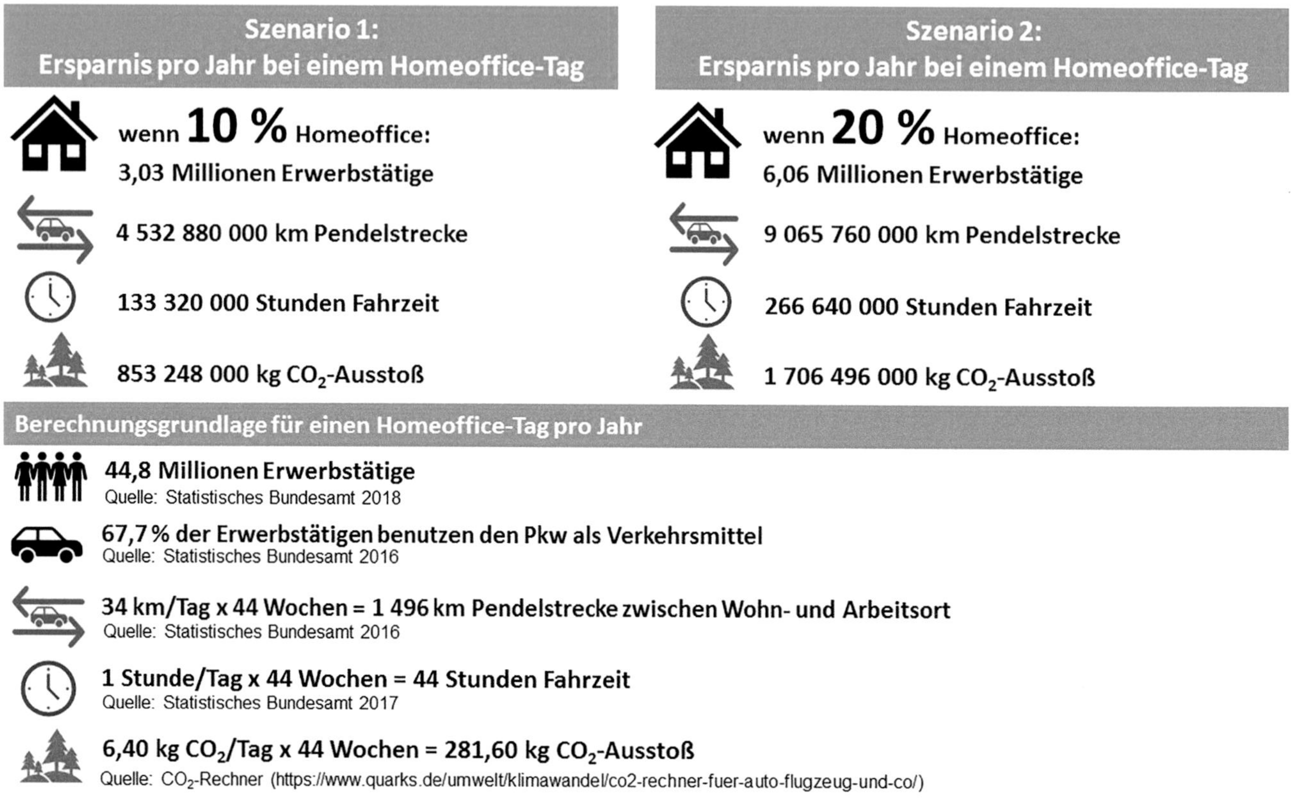

Szenario 1: Ersparnis pro Jahr bei einem Homeoffice-Tag

wenn **10 %** Homeoffice:
3,03 Millionen Erwerbstätige

4 532 880 000 km Pendelstrecke

133 320 000 Stunden Fahrzeit

853 248 000 kg CO_2-Ausstoß

Szenario 2: Ersparnis pro Jahr bei einem Homeoffice-Tag

wenn **20 %** Homeoffice:
6,06 Millionen Erwerbstätige

9 065 760 000 km Pendelstrecke

266 640 000 Stunden Fahrzeit

1 706 496 000 kg CO_2-Ausstoß

Berechnungsgrundlage für einen Homeoffice-Tag pro Jahr

44,8 Millionen Erwerbstätige
Quelle: Statistisches Bundesamt 2018

67,7 % der Erwerbstätigen benutzen den Pkw als Verkehrsmittel
Quelle: Statistisches Bundesamt 2016

34 km/Tag x 44 Wochen = 1 496 km Pendelstrecke zwischen Wohn- und Arbeitsort
Quelle: Statistisches Bundesamt 2016

1 Stunde/Tag x 44 Wochen = 44 Stunden Fahrzeit
Quelle: Statistisches Bundesamt 2017

6,40 kg CO_2/Tag x 44 Wochen = 281,60 kg CO_2-Ausstoß
Quelle: CO_2-Rechner (https://www.quarks.de/umwelt/klimawandel/co2-rechner-fuer-auto-flugzeug-und-co/)

Abb. A.0.1 Berechnung Einsparpotenzial durch Homeoffice (eigene Darstellung)

Beschäftigten in der Produktion mobiles, zeitflexibles Arbeiten ermöglichen. Nach Angaben des Unternehmens wird derzeit im hessischen Karben in der Elektronikfertigung die Fehlersuche per Computer getestet. So kann ein qualitativ schlechtes Teil vom heimischen Wohnzimmer aus erkannt, markiert und aussortiert werden (Automobilwoche 2019). Insofern zeichnet sich vor allem in Großbetrieben der Automobilindustrie bereits heute ein Trend zu mobiler Arbeit in der Produktion ab (TAB 2017). Auch Industrie-4.0-Anwendungen kommen in KMU bisher in Relation zu Großunternehmen deutlich weniger zum Einsatz (Institut für Innovation und Technik 2018). Es herrscht allerdings noch wesentlicher Forschungsbedarf zu Fragen einer generell erhöhten Mobilen Arbeit in Produktionsbereichen, die sowohl die Möglichkeiten der Tätigkeiten als auch die Bereitschaft, das Interesse und die Kompetenzen der handelnden Akteure betreffen. Hier scheinen nach ersten Pilotgesprächen mit tendenziell Betroffenen gängige Muster der mobilen Arbeit aus dem Verwaltungs- und Bürobereich nicht zielführend und Erfolg versprechend zu sein.

Literatur

Automobilwoche (2019) Elektronikfertigung im Wohnzimmer: Conti testet offenbar Homeoffice für Fabrikarbeiter https://www.automobilwoche.de/article/20190610/NACHRICHTEN/1906 19998/elektronikfertigung-im-wohnzimmer-conti-testet-offenbar-homeoffice-fuer-fabrikarbeiter. Zugegriffen: 24. April 2020

Bayerisches Forschungsinstitut für Digitale Transformation (bidt) (Hrsg) (2020) Digitalisierung durch Corona? Verbreitung und Akzeptanz von Homeoffice in Deutschland https://www.bidt.digital/studie-homeoffice/. Zugegriffen: 8. Mai 2020

Bundesministerium für Umwelt, Naturschutz und nukleare Sicherheit (BMU) (Hrsg) (2019): Umweltbewusstsein in Deutschland 2018, in: https://www.bmu.de/fileadmin/Daten_BMU/Pools/Broschueren/umweltbewusstsein_2018_bf.pdf. Zugegriffen: 14.06.2019

Bundesministerium für Verkehr und digitale Infrastruktur (BMVI), Bundesministerium für Umwelt, Naturschutz und nukleare Sicherheit (BMU) (2019) Mobil Gewinnt.

Bundesverband Informationswirtschaft, Telekommunikation und neue Medien e. V. (Bitkom) (Hrsg) (2020) Corona-Pandemie: Arbeit im Homeoffice nimmt deutlich zu. https://www.bitkom.org/Presse/Presseinformation/Corona-Pandemie-Arbeit-im-Homeoffice-nimmt-deutlich-zu. Zugegriffen: 25. Mai 2020

Büro für Technikfolgen-Abschätzung beim Deutschen Bundestag (TAB) (2017) Chancen und Risiken mobiler und digitaler Kommunikation in der Arbeitswelt. Berlin

Europäische Plattform für Mobilitätsmanagement (EPOMM) (2018) Mobility Management Strategy Book – Intelligent strategies for clean mobility towards a sustainable and prosperous Europe. Leuven

Hammermann A, Stettes O (2017) Mobiles Arbeiten in Deutschland und Europa. Eine Auswertung auf Basis des European Working Conditions Survey 2015. IW Medien GmbH, Köln

ifaa – Institut für angewandte Arbeitswissenschaft e. V. (2019) Gutachten zur Mobilen Arbeit. Erstellt im Auftrag der Bundestagsfraktion der Freien Demokratischen Partei (FDP). Düsseldorf

Institut der deutschen Wirtschaft (IW) (Hrsg) (2017) Mobiles Arbeiten in Deutschland und Europa – Eine Auswertung auf Basis des European Working Conditions Survey 2015. IW Medien

Institut für Innovation und Technik (2018) Einsatz von digitalen Assistenzsystemen im Betrieb. Forschungsbericht 502, Berlin https://www.bmas.de/SharedDocs/Downloads/DE/PDF-Publikationen/Forschungsberichte/fb502-einsatz-von-digitalen-assistenzsystemen-im-betrieb.pdf?__blob=publicationFile&v=1 . Zugegriffen: 15. Mai 2020

Jansen T, Unger-Azadi E (2019) Die kommunale Mobilitätswende schaffen. https://www.bbsr.bund.de/BBSR/DE/Veroeffentlichungen/IzR/2019/1/Inhalt/downloads/kommunale-mobilitaetswende-schaffen.pdf;jsessionid=32059875A38DD433CFEFFB9909DC639F.live21302?__blob=publicationFile&v=2 . Zugegriffen: 09.08.2019

Nürnberg V, Hintschich L (2019) Das Recht auf Homeoffice. https://www.arbeitsschutzdigital.de/ce/das-recht-auf-homeoffice-1/detail.html . Zugegriffen: 13.09.2019

Santarius T (2020) Digital in der Coronakrise – Wie klimafreundlich ist Homeoffice? https://www.rtl.de/cms/digital-in-der-coronakrise-wie-klimafreundlich-ist-homeoffice-4516172.html Zugegriffen: 10.06.2020

Schade M (2019) Strategische Ansätze des Mobilitätsmanagements Deutschland und Europa. In: Informationen zur Raumentwicklung (IzR) 1/2019. Franz Steiner Verlag, Bonn

Umweltbundesamt (2019) Klimaneutral leben. https://www.umweltbundesamt.de/themen/klimaneutral-leben . Zugegriffen: 14.06.2019

Zondler M (2018) Zehn Prozent mehr Homeoffice würden den Verkehr messbar entlasten und das Klima schonen. https://www.centomo.de/zehn-prozent-mehr-homeoffice-wuerden-den-verkehr-messbar-entlasten-und-das-klima-schonen/. Zugegriffen: 13.09.2019

Anhang

Checkliste zur Gestaltung mobiler Arbeit (Auszug)

In den folgenden Abb. A1 (Deckblatt), A2 (Inhalt), A3 (Bewertungskriterien 2.1 bis 2.3) und A4 (Bewertungskriterien 2.4 und 2.5) werden Auszüge aus der „Checkliste zur Gestaltung mobiler Arbeit" gezeigt.

Checkliste zur ergonomischen Bewertung von Tätigkeiten, Arbeitsplätzen, Arbeitsmitteln & Arbeitsumgebung (Auszug)

Das Deckblatt (Abb. A5), der inhaltliche Aufbau (Abb. A6) sowie die beispielhaften Bewertungskriterien „Notebook" (Abb. A7) und „Handhelds" (Abb. A8) der „Checkliste zur ergonomischen Bewertung von Tätigkeiten, Arbeitsplätzen, Arbeitsmitteln & Arbeitsumgebung" sind in den folgenden Abbildungen dargestellt.

Checkliste Eigenverantwortung für Leistung und Gesundheit bei der Arbeit (Auszug)

Die folgenden Abb. A9 (Deckblatt), A10 (Inhalt), A11 und A12 zeigen zur Veranschaulichung Aspekte der Checkliste „Eigenverantwortung für Leistung und Gesundheit bei der Arbeit".

Checkliste zur Gestaltung digitaler arbeitsbezogener Erreichbarkeit (Auszug)

In den folgenden Abb. A13 (Deckblatt), A14 (Einführung), A15 (Handlungsfelder und Dimensionen) und A16 (Dimension: Organisation) wird exemplarisch gezeigt, wie die „Checkliste zur Gestaltung digitaler arbeitsbezogener Erreichbarkeit" aufgebaut ist.

ifaa – Institut für angewandte Arbeitswissenschaft e. V. (Hrsg.), *Ganzheitliche Gestaltung mobiler Arbeit*, ifaa-Edition,
https://doi.org/10.1007/978-3-662-61977-3

Abb. A1 Checkliste zur Gestaltung mobiler Arbeit (Deckblatt)

INHALT

Abb. A2 Checkliste zur Gestaltung mobiler Arbeit – Inhalt

Nr.	Bewertungskriterium	Hinweise/Handlungsempfehlungen	Handlungsbedarf			Bemerkungen bzw. Notizen für Maßnahmenplan (z. B. Unterstützung gewünscht)
			ja	nein	zum Teil	
2.1	Die Gestaltung und Erfassung der Arbeitszeiten sind geregelt und allen bekannt.	Einhaltung der gesetzlichen bzw. abweichenden tarifvertraglichen Pausen- und Ruhezeiten sowie der täglichen Höchstarbeitszeit. Beachtung des Beschäftigungsverbots an Sonn- und Feiertagen. Der Arbeitgeber hat auf die gesetzlichen Bestimmungen hinzuweisen und muss auf das Einhalten der Zeiten bestehen (zum Beispiel Arbeitszeitgesetz, Bundesurlaubsgesetz, Gesetz über Teilzeitarbeit und befristete Arbeitsverträge).				
2.2	Arbeitszeitregelungen sind an die Form mobiler Arbeit angepasst.	Klären, welches Arbeitszeitmodell (Vertrauensarbeitszeit, Gleitzeit mit oder ohne Kernarbeitszeit) das geeignetste Modell ist. Selbstständige Zeiterfassung und Dokumentation im Rahmen der betrieblichen Arbeitszeitregelungen durch Beschäftigte.				
2.3	An- und Abwesenheitszeiten der Beschäftigten im Unternehmen sind geregelt; regelmäßige Anwesenheit ist sichergestellt.	Im Hinblick auf unterschiedliche Zeitmodelle wie Gleitzeit, Vertrauensarbeitszeit sowie Arbeitsorte sollten die An- und Abwesenheitszeiten sowie Zeiten für Erreichbarkeit unterwegs über einen gemeinsamen digitalen Terminkalender geregelt sein.				

Abb. A3 Checkliste zur Gestaltung mobiler Arbeit – Punkt 2.1 ff.

Nr.	Bewertungskriterium	Hinweise/Handlungsempfehlungen	Handlungsbedarf			Bemerkungen bzw. Notizen für Maßnahmenplan (z. B. Unterstützung gewünscht)
			ja	nein	zum Teil	
2.4	Es ist geregelt, an wie vielen Tagen in der Woche und wie lange mobil gearbeitet werden darf.	Zum Beispiel maximal 2 Tage in der Woche, kein Anspruch auf einen regelmäßigen Tag. Gibt es Tage mit Anwesenheitspflicht im Unternehmen, zum Beispiel für Teambesprechungen, Vertretungen für Urlaubs- und Krankheitstage? Die Rechte zur Teilnahme an Betriebsversammlungen (§ 43 BetrVG) und Versammlungen der Schwerbehinderten (§ 178 Abs. 6 SGB IX) bleiben unberührt.				
2.5	Reaktionszeiten, innerhalb derer auf interne sowie externe E-Mails und Anrufe reagiert werden soll, sind festgelegt.	Im Mittelpunkt stehen standardisierte und verbindliche Regeln zur internen und externen Kommunikation während und außerhalb der regulären Arbeitszeiten.				

Abb. A4 Checkliste zur Gestaltung mobiler Arbeit – Punkt 2.4 f.

Abb. A5 Checkliste Ergonomie – Deckblatt

INHALT

Abb. A6 Checkliste Ergonomie – Inhalt

Nr.	1. NOTEBOOK				
	Bewertungskriterium	ja	zum Teil	nein	Bemerkung
Notebook					
C 1.1	**Entspricht die Displaygröße der Arbeitsaufgabe?** ▪ entspricht der auszuführenden Tätigkeit und den Mobilitätserfordernissen ▪ mindestens 10 Zoll in der Diagonalen ▪ empfehlenswert 12 Zoll in der Diagonalen und größer ▪ Länger andauernde Lese-/Eingabetätigkeiten können größere Displays erfordern.				
C 1.2	**Ist das Displayformat an die Arbeitsaufgabe angepasst?** ▪ traditionelle Formate wie 4:3 für typische Arbeitsaufgaben ▪ Breitbildformate wie 16:9 für Multimediaeinsatz				
C 1.3	**Ist das Notebook und das Display reflexionshemmend?** ▪ matte und reflexionsarme Oberfläche des Gehäuses ▪ Notebooks mit glänzendem Display vermeiden ▪ Einsatz von Anti-Glare-Displays oder zumindest von Antireflexionsfolien (Antireflexionsfolien können die Helligkeit reduzieren und die Farbdarstellung verändern)				
C 1.4	**Ist die Helligkeit des Displays angemessen?** ▪ Leuchtdichte von mindestens 400 cd/m²				
C 1.5	**Ist eine externe Tastatur vorhanden?** ▪ individuelle, bedürfnisgerechte Ausrichtung und verbesserte ergonomische Arbeitsbedingungen bei einer externen Tastatur ▪ empfehlenswert bei der Nutzung von Notebooks als Desktopersatz ▪ Anforderungen an eine Tastatur s. B 3.9				

Abb. A7 Checkliste Ergonomie – Beispielseite a

Nr.	2. HANDHELDS				
	Bewertungskriterium	ja	zum Teil	nein	Bemerkung
Tablet-PC					
C 2.1	**Entspricht die Displaygröße der Arbeitsaufgabe?** ▪ entspricht der auszuführenden Tätigkeit ▪ mindestens 8 Zoll in der Diagonalen				
C 2.2	**Ist das Tablet und das Display reflexionshemmend?** ▪ matte und reflexionsarme Oberfläche des Gehäuses ▪ Tablets mit glänzendem Display vermeiden ▪ Einsatz von Anti-Glare-Displays oder zumindest von Antireflexionsfolien (Antireflexionsfolien können die Helligkeit reduzieren und die Farbdarstellung verändern)				
C 2.3	**Ist die Helligkeit des Displays angemessen?** ▪ Leuchtdichte von mindestens 400 cd/m^2				
C 2.4	**Ist eine externe Tastatur vorhanden?** ▪ empfehlenswert für länger andauernde Eingabetätigkeiten				
C 2.5	**Ist ein Feedback bei der internen Bildschirmtastatur vorhanden?** ▪ Verfügbarkeit von akustischem, optischem und haptischem Feedback				
C 2.6	**Ist eine Handschuhbedienbarkeit (falls erforderlich) möglich?** ▪ Tablets mit resistiven Touchscreens verwenden				
C 2.7	**Ist ein Eingabestift vorhanden?** ▪ Eingabetätigkeit kann durch einen Stylus ergonomisch verbessert werden. ▪ Eingabestift je nach Bauart des Touchscreens auswählen (kapazitive Touchscreens reagieren auf Berührung und resistive Touchscreens reagieren auf Druck).				
C 2.8	**Ist das Tablet robust und unempfindlich?** ▪ z. B. sturzsicher, wasserabweisend/wasserdicht, lange Akkulaufzeiten				

Abb. A8 Checkliste Ergonomie – Beispielseite b

Abb. A9 Checkliste Eigenverantwortung

INHALT

Abb. A10 Checkliste Eigenverantwortung – Inhalt

		Beschäftigte			Führungskraft				
Nr.	Eigenverantwortliches Handeln	regelmäßig	manchmal	nie	regelmäßig	manchmal	nie	Hinweise für mögliche Maßnahmen	Notizen
3.1	Wenn wir keine Ressourcen zur Bearbeitung haben, signalisieren wir dies.							Reflektieren Sie Ihre Ressourcen- und Zeitplanung: ▪ Haben Sie in Ihrem Bereich ggf. zu viele Aufgaben angenommen oder fehlt es Ihren Mitarbeitern an Qualifikationen und Erfahrungen und sie benötigen dadurch mehr Zeit zur Aufgabenerledigung? ▪ Können Sie einschätzen, wie viel Zeit die zu erledigenden Aufgaben im Durchschnitt kosten? ▪ Wurden Prioritäten falsch gesetzt?	
3.2	Wir achten auf ein ausgewogenes Verhältnis von Arbeits- und Privatleben.							Bspw. wird im Rahmen von orts- und zeitflexiblem Arbeiten den Beschäftigten ermöglicht, Arbeits- und Privatleben zu vereinbaren. Dabei hat der Arbeitgeber auf die gesetzlichen Bestimmungen hinzuweisen. Sie als Führungskraft können zudem ein Vorbild für die Beschäftigten sein: ▪ Sie können durch entsprechende Regeln festlegen, dass Mailanfragen außerhalb der regulären Arbeitszeiten nicht beantwortet werden müssen. ▪ Oder kommunizieren Sie in Ausnahmefällen, wann Sie eine Antwort von Beschäftigten außerhalb der Geschäftszeiten erwarten. ▪ Achten Sie bei der Anschaffung neuer (Kommunikations-) Software auf Möglichkeiten zur Steuerung eingehender Anfragen/Arbeitsaufträge zu bestimmten Uhrzeiten. Weitere Hinweise zu dieser Thematik finden Sie in der ifaa-Checkliste zur Gestaltung mobiler Arbeit (s. Abschnitt »Weiterführende Checklisten und Handlungshilfen«, Nummer 1).	

Abb. A11 Checkliste Eigenverantwortung – Beispielseite a

		Beschäftigte			Führungskraft				
Nr.	Eigenverantwortliches Handeln	regelmäßig	manchmal	nie	regelmäßig	manchmal	nie	Hinweise für mögliche Maßnahmen	Notizen
3.3	Wir reflektieren unser Gesundheitsverhalten.							▪ Maßnahmen zur Sensibilisierung Beschäftigter können Informationsveranstaltungen und Workshops zu folgenden Themen sein: ▪ gesunde Ernährung ▪ Bewegung ▪ Stressabbau ▪ Zeitmanagement ▪ Chronobiologie und Schlafverhalten ▪ Resilienztraining (weitere Hinweise dazu erhalten Sie im Resilienzkompass oder der ifaa-Checkliste zur Stärkung individueller und organisationaler Resilienz im Unternehmen [s. Abschnitt »Weiterführende Checklisten und Handlungshilfen«, Nummer 3 und 9])	
3.4	Wir nutzen aktiv die uns zur Verfügung stehenden ergonomischen Arbeitsmittel.							Sensibilisierungsmaßnahmen können sein: ▪ Beauftragte für Arbeits- und Gesundheitsschutz prüfen die jeweilige Arbeitsumgebung auf Ergonomie und weisen Beschäftigte auf Fehlhaltungen und Verbesserungsmöglichkeiten hin. ▪ Schulungen und Informationsveranstaltungen für ergonomische Arbeitshaltung und Nutzung ergonomischer Arbeitsmittel werden angeboten. Weitere Informationen zum Thema finden Sie in der ifaa-Checkliste Ergonomie zur orientierenden Bewertung von Tätigkeiten, Arbeitsmitteln, Arbeitsumgebung (s. Abschnitt »Weiterführende Checklisten und Handlungshilfen«, Nummer 4).	

Abb. A12 Checkliste Eigenverantwortung – Beispielseite b

Abb. A13 Checkliste Erreichbarkeit

CHECKLISTE

zur Gestaltung digitaler arbeitsbezogener Erreichbarkeit

Einführung

Die Bedeutung der digitalen arbeitsbezogenen Erreichbarkeit hat in den letzten Jahren zugenommen. Informations- und Kommunikationstechnologien ermöglichen es vielen Beschäftigten, zu flexiblen Zeiten an unterschiedlichen Orten zu arbeiten. Dank E-Mail, Smartphone, Internet usw. sind sie mobil erreichbar und untereinander vernetzt.

Die fortschreitende Digitalisierung bietet den Unternehmen und den Beschäftigten mehr Flexibilität. Diese ist beidseitig gewünscht: Den Beschäftigten ermöglicht sie eine bessere Vereinbarkeit von Berufs- und Privatleben; den Unternehmen die Anpassung an unterschiedliche Auftragssituationen und den Markt.

Jedoch erfordert räumliche und zeitliche Flexibilität von den Unternehmen Organisationsgeschick. Es setzt gleichzeitig im Unternehmen voraus, dass eine entsprechende Vertrauenskultur herrscht. Von den Beschäftigten erfordert es ein hohes Maß an Eigenverantwortung und Selbststeuerung.

Für die Unternehmen bedeutet dies konkret:

- mit arbeitsbezogener Erreichbarkeit offen umgehen
- transparente und verbindliche Regeln schaffen
- Erwartungen an die Führungskräfte und Beschäftigte klar formulieren
- Beschäftigte unterstützen und qualifizieren
- Eigenverantwortung der Beschäftigten fördern
- der Fürsorgepflicht nachkommen

Für die Beschäftigten bedeutet dies u. a.:

- ein hohes Maß an Selbstmanagement und Selbstorganisation
- verantwortungsbewusster Umgang mit Informations- und Kommunikationstechniken
- Freizeit für die Erholung, Familie und Freundschaften nutzen.

Ziel und Nutzen der Checkliste

Die digitale arbeitsbezogene Erreichbarkeit sollte in jedem Unternehmen betriebsspezifisch gestaltet werden. Patentrezepte für eine einheitliche Gestaltung wird es nicht geben. Die vorliegende Checkliste hilft dabei, mögliche Gestaltungs- und Handlungsbedarfe im Unternehmen zu erkennen, um die digitale arbeitsbezogene Erreichbarkeit erfolgreich zu gestalten. Die Checkliste liefert konkrete Hinweise auf wichtige Stellschrauben.

Mit der vorliegenden Checkliste können die Anforderungen sowie Handlungsbedarfe ermittelt, daraus Maßnahmen abgeleitet und anschließend konkrete Schritte eingeleitet werden. Die Checkliste umfasst dabei vier Dimensionen:

1. Organisation
2. Kommunikation
3. Führung
4. Beschäftigte

Abb. A14 Checkliste Erreichbarkeit – Inhalt

Zuordnung der vier Dimensionen:

Die Organisationsdimension beschäftigt sich u. a. damit, die Position des Unternehmens in Bezug auf Gestaltung digitaler arbeitsbezogener Erreichbarkeit, Ressourcenplanung, Informations- und Kommunikationstechnologien, Datensicherheit sowie unternehmensspezifische Handlungsfelder zu bestimmen und Maßnahmen abzuleiten.

Die Kommunikationsdimension konzentriert sich auf die Gestaltung der Kommunikationsstrukturen, das Kommunikationsverhalten und zeitliche Aspekte. Denn Kommunikation, zeitliche Aspekte der Kommunikationsowie zwischenmenschliche Interaktionen sind wichtige Komponenten der modernen Arbeitswelt. Auf der Kommunikationsebene geht es überwiegend darum, die gemeinsamen Spielregeln zu formulieren.

Die dritte und vierte Dimension umfassen Führungskräfte und Beschäftigte. Die digitale arbeitsbezogene Erreichbarkeit ist verbunden mit einem hohen Maß an selbstgesteuertem Handeln, kommunikativen Kompetenzen und Fähigkeiten zur Selbstorganisation. Auch das Führungsverhalten und die Führungsstrukturen werden sich ändern. Dabei sollten die Führungskräfte lernen, einen guten Umgang mit E-Mails und Telefonaten einzufordern und selbst vorzuleben.

Die wichtigsten Handlungsfelder bzw. Ziele der Dimensionen sind unten dargestellt:

1. ORGANISATION	2. KOMMUNIKATION
Ziel: Identifizierung der unternehmensspezifischen Handlungsfelder und Ableitung von Maßnahmen **Handlungsfelder:** ‣ Positionsbestimmung ‣ Konzeptentwicklung ‣ Ressourcenplanung ‣ Arbeitsrecht und personenbezogener Datenschutz/Datensicherheit ‣ Beteiligung der Beschäftigten ‣ Auswertungen und Erfolgskontrolle	**Ziel:** Gestaltung der Kommunikationsstrukturen und Regelung des Kommunikationsverhaltens **Handlungsfelder:** ‣ Spielregeln der Kommunikation ‣ zeitliche Aspekte der Kommunikation ‣ Umgang mit unsicheren und mehrdeutigen Informationen ‣ offene Kommunikation und Transparenz ‣ Auswertungen und Erfolgskontrolle
3. FÜHRUNG	**4. BESCHÄFTIGTE**
Ziel: Sensibilisierung und Qualifizierung der Führungskräfte **Handlungsfelder:** ‣ Sensibilität der Führungskräfte im Umgang mit digitaler arbeitsbezogener Erreichbarkeit ‣ Definition von Schlüsselkompetenzen ‣ Prüfen der eigenen Fähigkeiten ‣ technisches Know-how der Führungskräfte ‣ Qualifizierung der Führungskräfte ‣ Bereitstellung von Informationsmaterial und Schulungen für einen bewussten Umgang mit Medien ‣ Auswertungen und Erfolgskontrolle	**Ziel:** Sensibilisierung und Qualifizierung der Beschäftigten **Handlungsfelder:** ‣ Sensibilisierung der Beschäftigten im Umgang mit digitaler arbeitsbezogener Erreichbarkeit ‣ Definition von Schlüsselkompetenzen ‣ Prüfen der eigenen Fähigkeiten ‣ technisches Know-how der Beschäftigten ‣ Qualifizierung der Beschäftigten ‣ Bereitstellung von Informationsmaterial und Schulungen für einen bewussten Umgang mit Medien ‣ Auswertungen und Erfolgskontrolle

Abb. A15 Checkliste Erreichbarkeit – Beispielseite a

Nr.	Bewertungskriterium	Hinweis	Trifft gar nicht zu	Trifft eher nicht zu	Trifft eher zu	Trifft deutlich erkennbar zu	Bemerkungen bzw. Notizen für Maßnahmenplan (z. B. Unterstützung gewünscht)
1.1	Ist die Gestaltung digitaler arbeitsbezogener Erreichbarkeit dokumentiert?	Rahmenbedingungen formulieren sowie eindeutige und verbindliche Absprachen treffen.					
1.2	Sind Arbeitsabläufe, für die digitale arbeitsbezogene Erreichbarkeit relevant ist, definiert?	Klären, welche Arbeitsabläufe und Prozesse von digitaler arbeitsbezogener Erreichbarkeit betroffen sind.					
1.3	Sind bestimmte Tätigkeiten von digitaler arbeitsbezogener Erreichbarkeit besonders betroffen?	Klären, für welche Tätigkeiten bzw. Arbeitsplätze die digitale arbeitsbezogene Erreichbarkeit eine Rolle spielt.					
1.4	Sind bestimmte Beschäftigtengruppen von digitaler arbeitsbezogener Erreichbarkeit betroffen?	Klären, für welche Beschäftigtengruppen es sinnvoll ist, die digitale arbeitsbezogene Erreichbarkeit zu gestalten.					
1.5	Sind Regeln für Eskalationsprozesse, Notfälle, Projektphasen usw. definiert?	Solche Prozesse bzw. Zeiträume sollten im Vorfeld definiert werden.					
1.6	Sind Ausgleichszeiträume für Erreichbarkeitszeiten (z. B. durch Freizeit) unter Beachtung der gesetzlichen Vorschriften betrieblich geregelt?	Telefonate oder die Beantwortung von E-Mails nach Feierabend können zu einer Unterbrechung der gesetzlich vorgeschriebenen Ruhezeit führen.					
1.7	Ist die Einhaltung der im Arbeitszeitgesetz vorgegebenen Grenzen der Höchstarbeitszeit, Pausenregelungen sowie Ruhezeiten gewährleistet?	Arbeitgeber und Führungskräfte haben eine besondere Verantwortung und Fürsorgepflicht für die Beschäftigten.					
1.8	Sind Vertretungsregelungen für längere Abwesenheiten, wie Urlaub oder Krankheit, definiert sowie den Beschäftigten (und gegebenenfalls Kunden) bekannt?	Entscheidung, was, wann und an wen verteilt, zugänglich gemacht werden soll.					

Abb. A16 Checkliste Erreichbarkeit – Beispielseite b

Literatur

Altun U, ifaa – Institut für angewandte Arbeitswissenschaft (Hrsg) (2016) Checkliste zur Gestaltung digitaler arbeitsbezogener Erreichbarkeit. ifaa, Düsseldorf

Altun U, ifaa – Institut für angewandte Arbeitswissenschaft (Hrsg) (2018) Checkliste zur Gestaltung mobiler Arbeit. ifaa, Düsseldorf

Altun U, Hartmann V, Hille S, Börkircher M, ifaa – Institut für angewandte Arbeitswissenschaft (Hrsg) (2020) Gestaltung und Steuerung von Arbeitszeitkonten. Für mehr Flexibilität und Individualität. ifaa, Düsseldorf

Ausschuss für Arbeitsstätten – ASTA (2017) Empfehlungen des Ausschusses für Arbeitsstätten (ASTA) zur Abgrenzung von mobiler Arbeit und Telearbeitsplätzen gemäß Definition in § 2 Absatz 7 ArbStättV vom 30. November 2016, BGBl. I S. 2681. https://www.baua.de/DE/Aufgaben/Geschaeftsfuehrung-von-Ausschuessen/ASTA/pdf/Mobile-Arbeit-Telearbeit.pdf?__blob=publicationFile&v=5. Zugegriffen: 17. Mai 2020

Automobilwoche (2019) Elektronikfertigung im Wohnzimmer: Conti testet offenbar Homeoffice für Fabrikarbeiter. https://www.automobilwoche.de/article/20190610/NACHRICHTEN/190619998/elektronikfertigung-im-wohnzimmer-conti-testet-offenbar-homeoffice-fuer-fabrikarbeiter. Zugegriffen: 24. April 2020

Bayerisches Forschungsinstitut für Digitale Transformation (bidt) (Hrsg) (2020) Digitalisierung durch Corona? Verbreitung und Akzeptanz von Homeoffice in Deutschland https://www.bidt.digital/studie-homeoffice/. Zugegriffen: 8. Mai 2020

Bundesanstalt für Arbeitsschutz und Arbeitsmedizin (BAuA) (Hrsg) (2018) Orts- und zeitflexibles Arbeiten: Gesundheitliche Chancen und Risiken. https://www.baua.de/DE/Angebote/Publikationen/Berichte/Gd92.pdf?__blob=publicationFile&v=9. Zugegriffen: 16. März 2020

Bundesministerium der Justiz und für Verbraucherschutz (2017) Arbeitsstättenverordnung – ArbStättV. Bundesministerium der Justiz und für Verbraucherschutz (Hrsg). https://www.gesetze-im-internet.de/arbst_ttv_2004/. Zugegriffen: 17. Mai 2020

Bundesministerium der Justiz und für Verbraucherschutz (2019) Arbeitsschutzgesetz – ArbSchG. Bundesministerium der Justiz und für Verbraucherschutz (Hrsg). https://www.gesetze-im-internet.de/arbschg/. Zugegriffen: 17. Mai 2020

Bundesministerium der Justiz und für Verbraucherschutz (2019) Verordnung über Sicherheit und Gesundheitsschutz bei der Verwendung von Arbeitsmitteln (Betriebssicherheitsverordnung – BetrSichV). Bundesministerium der Justiz und für Verbraucherschutz (Hrsg). https://www.gesetze-im-internet.de/betrsichv_2015/. Zugegriffen: 17. Mai 2020

Bundesministerium der Justiz und für Verbraucherschutz (2019) Verordnung zur arbeitsmedizinischen Vorsorge (ArbMedVV). Bundesministerium der Justiz und für Verbraucherschutz (Hrsg). https://www.gesetze-im-internet.de/arbmedvv/. Zugegriffen: 17. Mai 2020

Bundesministerium für Umwelt, Naturschutz und nukleare Sicherheit (BMU) (Hrsg) (2019): Umweltbewusstsein in Deutschland 2018, in: https://www.bmu.de/fileadmin/Daten_BMU/Pools/Broschueren/umweltbewusstsein_2018_bf.pdf. Zugegriffen: 14.06.2019

Bundesministerium für Verkehr und digitale Infrastruktur (BMVI), Bundesministerium für Umwelt, Naturschutz und nukleare Sicherheit (BMU) (2019) Mobil Gewinnt.

Bundesverband Informationswirtschaft, Telekommunikation und neue Medien e. V. (Bitkom) (Hrsg) (2020) Corona-Pandemie: Arbeit im Homeoffice nimmt deutlich zu. https://www.bitkom.org/Presse/Presseinformation/Corona-Pandemie-Arbeit-im-Homeoffice-nimmt-deutlich-zu. Zugegriffen: 25. Mai 2020

Büro für Technikfolgen-Abschätzung beim Deutschen Bundestag (TAB) (2017) Chancen und Risiken mobiler und digitaler Kommunikation in der Arbeitswelt. Berlin

cleanpng (2020) Computer-Network-Cloud-Computing. https://www.cleanpng.com/png-computer-network-cloud-computing-virtual-private-n-3619467/preview.html. Zugegriffen: 15. Juni 2020.

Deutscher Bundestag (2017). Telearbeit und Mobiles Arbeiten. Voraussetzungen, Merkmale und rechtliche Rahmenbedingungen. https://www.bundestag.de/resource/blob/516470/3a2134679f90bd45dc12dbef26049977/WD-6-149-16-pdf-data.pdf. Zugegriffen: 17. Mai 2020

Deutsche Gesellschaft für Personalführung e. V. (Hrsg) (2016) Abschlussbericht der Studie „Mobiles Arbeiten". Kompetenzen und Arbeitssysteme entwickeln. https://www.dgfp.de/fileadmin/user_upload/DGFP_e.V/Medien/Publikationen/Studien/Ergebnisbericht-Studie-Mobiles-Arbeiten.pdf. Zugegriffen: 23. März 2020

Deutsche Gesetzliche Unfallversicherung (DGUV) (2016) Neue Formen der Arbeit – Neue Formen der Prävention. DGUV, Berlin

DIN EN ISO 10075 Ergonomische Grundlagen bezüglich psychischer Arbeitsbelastung, Teil 1: Allgemeines und Begriffe (DIN EN ISO 10075-1: 2018). Beuth, Berlin

Leitung des GDA-Arbeitsprogramms Psyche (Hrsg) (2017) Empfehlungen zur Umsetzung der Gefährdungsbeurteilung psychischer Belastung. Arbeitsschutz in der Praxis. 3., überarbeitete Auflage. Stand: 22. November 2017. Bundesministerium für Arbeit und Soziales, Berlin

Europäische Plattform für Mobilitätsmanagement (EPOMM) (2018) Mobility Management Strategy Book – Intelligent strategies for clean mobility towards a sustainable and prosperous Europe. Leuven

Frehner M (2018) WhatsApp und DSGVO: Das gilt rechtlich beim Datenschutz. https://www.deutsche-handwerks-zeitung.de/whatsapp-betrieblich-nutzen-was-beim-datenschutz-wirklich-gilt/150/3101/363865. Zugegriffen: 31. März 2020

Hammermann A, Stettes O (2017) Mobiles Arbeiten in Deutschland und Europa. Eine Auswertung auf Basis des European Working Conditions Survey 2015. IW Medien GmbH, Köln

Hommes J (2013) Mobile Device Management: Konzepte für das Einbinden von mobilen Endgeräten in bestehende IT-Infrastrukturen. Masterarbeit. Grin-Verlag, München

ifaa – Institut für angewandte Arbeitswissenschaft e. V. (Hrsg.), *Ganzheitliche Gestaltung mobiler Arbeit,* ifaa-Edition,
https://doi.org/10.1007/978-3-662-61977-3

Hoppe A (2010) Komplexe Technik – Hilfe oder Risiko? Darstellung ausgewählter Ergebnisse einer Grundlagenuntersuchung zu Technikstress. In: Brandt C (Hrsg) Mobile Arbeit – Gute Arbeit? Arbeitsqualität und Gestaltungsansätze bei mobiler Arbeit, S 53–64. https://www.dguv.de/medien/ifa/de/pub/grl/pdf/2010_104.pdf. Zugegriffen: 17. Mai 2020

IDC (2017) IDC Studie Mobile Security in Deutschland 2017. https://www.itsicherheit-online.com/news/idc-studie-mobile-security-in-deutschland-2017 . Zugegriffen: 15. Juni 2020

ifaa (Hrsg) (2015) Leistungsfähigkeit im Betrieb. Kompendium für den Betriebspraktiker zur Bewältigung des demografischen Wandels. ifaa-Edition. Springer, Berlin

ifaa – Institut für angewandte Arbeitswissenschaft e. V. (2017) Handbuch Arbeits- und Gesundheitsschutz. Springer, Berlin

ifaa – Institut für angewandte Arbeitswissenschaft e. V. (2019) Gutachten zur Mobilen Arbeit. Erstellt im Auftrag der Bundestagsfraktion der Freien Demokratischen Partei (FDP). Düsseldorf

Institut der deutschen Wirtschaft (IW) (Hrsg) (2017) Mobiles Arbeiten in Deutschland und Europa – Eine Auswertung auf Basis des European Working Conditions Survey 2015. IW Medien

Institut für Innovation und Technik (2018) Einsatz von digitalen Assistenzsystemen im Betrieb. Forschungsbericht 502, Berlin https://www.bmas.de/SharedDocs/Downloads/DE/PDF-Publikationen/Forschungsberichte/fb502-einsatz-von-digitalen-assistenzsystemen-im-betrieb.pdf?__blob=publicationFile&v=1 . Zugegriffen: 15. Mai 2020

Jansen T, Unger-Azadi E (2019) Die kommunale Mobilitätswende schaffen. https://www.bbsr.bund.de/BBSR/DE/Veroeffentlichungen/IzR/2019/1/Inhalt/downloads/kommunale-mobilitaetswende-schaffen.pdf;jsessionid=32059875A38DD433CFEFFB9909DC639F.live21302?__blob=publicationFile&v=2 . Zugegriffen: 09.08.2019

Keller HS; Robelski V, Harth S, Mache S (2017) Psychosoziale Aspekte bei der Arbeit im Homeoffice und in Coworking Spaces. Arbeitsmedizin Sozialmedizin Umweltmedizin 52: 840–845. https://www.asu-arbeitsmedizin.com/psychosoziale-aspekte-bei-der-arbeit-im-homeoffice-und-coworking-spaces/uebersicht-psychosoziale. Zugegriffen: 17. Mai 2020

Koll M, Janning R, Pinter H (2015) Arbeitsschutzgesetz – Kommentar für die betriebliche und behördliche Praxis. Kohlhammer, Stuttgart

Krause A, Dorsemagen C, Stadlinger J, Baeriswyl S (2012) Indirekte Steuerung und interessierte Selbstgefährdung: Ergebnisse aus Befragungen und Fallstudien. In: Badura B, Ducki A, Schröder H, Klose J, Meyer M (Hrsg) Fehlzeiten-Report 2012: Gesundheit in der flexiblen Arbeitswelt: Chancen nutzen – Risiken minimieren. S 191–202. Springer, Heidelberg

Krause A, Berset M, Peters K (2015) Interessierte Selbstgefährdung – von der direkten zur indirekten Steuerung. Arbeitsmedizin Sozialmedizin Umweltmedizin 03-2015, 164–171. https://www.asu-arbeitsmedizin.com/schwerpunkt/interessierte-selbstgefaehrdung-von-der-direkten-zur-indirekten-steuerung. Zugegriffen: 17. Mai 2020

Landesinstitut für Arbeitsgestaltung des Landes Nordrhein-Westfalen (Hrsg) (2016). Richtig erholen – zufriedener arbeiten – gesünder leben. Erholung und Arbeit im Gleichgewicht. Ein Leitfaden für Beschäftigte. https://www.lia.nrw.de/_media/pdf/service/Publikationen/lia_praxis/LIA_praxis1.pdf. Zugegriffen: 30. März 2020

Monz A, Fleischmann E (2017) Mobile Arbeit und Work Life Balance. In: Breisig T, Grzech-Sukalo H, Vogl G (Hrsg) Mobile Arbeit gesund gestalten – Trendergebnisse aus dem Forschungsprojekt prentimo – präventionsorientierte Gestaltung mobiler Arbeit, S 20–23. http://www.prentimo.de/assets/Uploads/prentimo-Mobile-Arbeit-gesund-gestalten.pdf. Zugegriffen: 17. Mai 2020

NORDMETALL (Hrsg) (2020) Leitfaden Telearbeit und mobiles Arbeiten.

Nürnberg V, Hintschich L (2019) Das Recht auf Homeoffice. https://www.arbeitsschutzdigital.de/ce/das-recht-auf-homeoffice-1/detail.html . Zugegriffen: 13.09.2019

Ottersböck N, Frost MC, Stahn C, ifaa – Institut für angewandte Arbeitswissenschaft (Hrsg) (2019) Checkliste Eigenverantwortung für Leistung und Gesundheit bei der Arbeit. ifaa, Düsseldorf. https://www.arbeitswissenschaft.net/Checkliste_Eigenverantwortung. Zugegriffen: 30. März 2020

Petermann F (2013) Psychologie des Vertrauens. Hogrefe, Göttingen

Peters K (2011) Indirekte Steuerung und interessierte Selbstgefährdung. Eine 180-Grad-Wende bei der betrieblichen Gesundheitsförderung. In: Kratzer N, Dunkel W, Becker K, Hinrichs S (Hrsg) Arbeit und Gesundheit im Konflikt. S 105–122. edition sigma, Berlin

Sandrock S, Niehues S, Institut für angewandte Arbeitswissenschaft (Hrsg) (2020) CHECKLISTE zur ergonomischen Bewertung von Tätigkeiten, Arbeitsplätzen, Arbeitsmitteln & Arbeitsumgebung, ifaa, Düsseldorf

Santarius T (2020) Digital in der Coronakrise – Wie klimafreundlich ist Homeoffice? https://www.rtl.de/cms/digital-in-der-coronakrise-wie-klimafreundlich-ist-homeoffice-4516172.html. Zugegriffen: 10.06.2020

Schade M (2019) Strategische Ansätze des Mobilitätsmanagements Deutschland und Europa. In: Informationen zur Raumentwicklung (IzR) 1/2019. Franz Steiner Verlag, Bonn

Schein EH (2003) Organisationskultur. EHP – Edition Humanistische Psychologie, Bergisch-Gladbach

Schüth NJ (2018) Anforderungen an Führungskräfte in der Arbeitswelt 4.0 – Kompetenzen von Führungskräften und ihre Entwicklung für eine gesunde und produktive Führung. Masterthesis. Universität Koblenz-Landau

Schwenke T (2020) DSGVO-sicher? Videokonferenzen, Onlinemeetings und Webinare. https://datenschutz-generator.de/dsgvo-video-konferenzen-online-meeting/. Zugegriffen: 25. Mai 2020

TBS NRW (2017) Technologieberatungsstelle beim DGB NRW e. V. Mobile Arbeit, computing anywhere…Neue Formen der Arbeit gestalten! https://www.tbs-nrw.de/fileadmin/Shop/Broschuren_PDF/Mobile_Arbeit.pdf. Zugegriffen: 25. Mai 2020

Umweltbundesamt (2019) Klimaneutral leben. https://www.umweltbundesamt.de/themen/klimaneutral-leben . Zugegriffen: 14.06.2019

Zondler M (2018) Zehn Prozent mehr Homeoffice würden den Verkehr messbar entlasten und das Klima schonen. https://www.centomo.de/zehn-prozent-mehr-homeoffice-wuerden-den-verkehr-messbar-entlasten-und-das-klima-schonen/. Zugegriffen: 13.09.2019

Printed in the United States
by Baker & Taylor Publisher Services